高等数学

（上册）

主　编　吴明科　唐定云
副主编　郑金梅　文华艳
参　编　张媛媛

南开大学出版社
天　津

图书在版编目(CIP)数据

高等数学. 上册 / 吴明科, 唐定云主编. — 天津:
南开大学出版社, 2016.8(2019.7 重印)
ISBN 978-7-310-05181-6

Ⅰ.①高… Ⅱ.①吴…②唐… Ⅲ.①高等数学 – 高等学校 – 教材 Ⅳ.①O13

中国版本图书馆 CIP 数据核字(2016)第 181020 号

版权所有　　侵权必究

南开大学出版社出版发行
出版人:刘运峰
地址:天津市南开区卫津路 94 号　　邮政编码:300071
营销部电话:(022)23508339　23500755
营销部传真:(022)23508542　邮购部电话:(022)23502200

*

天津午阳印刷股份有限公司印刷
全国各地新华书店经销

*

2016 年 8 月第 1 版　　2019 年 7 月第 4 次印刷
260×185 毫米　16 开本　10.75 印张　238 千字
定价:34.00 元

如遇图书印装质量问题,请与本社营销部联系调换,电话:(022)23507125

前　言

  本教材是根据三本应用型工科院校的教学要求,在多年教学实践的基础上,并配合我院关于高等数学模块化教学改革要求编写而成.教材在编写上突出了数学知识的系统性、简洁性、实用性,同时注重概念产生的背景,强调应用数学的意识.

  全书分上、下两册.上册包括一元函数微积分;下册包括空间解析几何与向量代数、多元函数微积分、级数、微分方程.在章节设计上,为了体现微积分在专业领域的应用,设有知识点的应用模块,包含了函数与极限应用模块,导数与微分的应用模块,极值应用模块,定积分的应用模块等几个部分.

  本教材由西南科技大学城市学院数学教研室组织编写,吴明科、唐定云任主编,郑金梅、文华艳任副主编,张媛媛参与编写.

  鉴于编者水平有限,以及各专业对工科学生提出的要求不同,因而教材在内容的取舍上还存在不妥之处,希望读者批评和指正.

编　者

2015.6

目 录

第一章 函数与极限 ··· 1

第一节 映射与函数 ··· 1
第二节 数列的极限 ··· 8
第三节 函数的极限 ·· 13
第四节 无穷小与无穷大 ·· 18
第五节 极限运算法则 ··· 20
第六节 极限存在准则 两个重要极限 ·· 24
第七节 无穷小的比较 ··· 28
第八节 函数的连续性 ··· 30
第九节 连续函数的运算与初等函数的连续性 ··· 34
第十节 闭区间上连续函数的性质 ··· 37

第二章 导数与微分 ··· 40

第一节 导数概念 ··· 40
第二节 函数的求导法则 ·· 46
第三节 高阶导数 ··· 52
第四节 隐函数与参数方程所确定的函数的求导法 ··································· 54
第五节 函数的微分 ·· 58

第三章 微分中值定理及其应用 ·· 62

第一节 中值定理 ··· 62
第二节 洛必达法则 ·· 67
第三节 泰勒公式 ··· 70
第四节 函数单调性的判定法 ··· 73
第五节 函数的极值与最值 ··· 75
第六节 曲线的凹凸性与拐点、函数图形的描绘 ······································ 80
第七节 曲率 ··· 84

第四章 不定积分 ·· 89

第一节 不定积分的概念与性质 ·· 89

第二节　换元积分法 ··· 92
　　第三节　分部积分法 ··· 104
　　第四节　有理函数的积分 ·· 107

第五章　定积分 ·· 111
　　第一节　定积分的概念和性质 ·· 111
　　第二节　微积分基本公式 ·· 116
　　第三节　定积分的计算 ·· 119
　　第四节　反常积分 ··· 123

第六章　定积分的应用 ·· 127
　　第一节　元素法 ·· 127
　　第二节　平面区域的面积 ·· 128
　　第三节　空间立体的体积 ·· 131
　　第四节　曲线的弧长 ··· 134
　　第五节　定积分在物理学中的应用 ·· 136

第七章　一元微积分学应用模块 ··· 140
　　第一节　函数与极限应用模块 ·· 140
　　第二节　导数与微分应用模块 ·· 145
　　第三节　极值应用模块 ·· 151
　　第四节　定积分在专业领域的应用模块 ······································ 158

第一章 函数与极限

初等数学的研究对象基本上是不变量,因此初等数学又叫作常量数学.而高等数学是以极限为工具,研究变动的量,因此高等数学又称为变量数学.第一章将要介绍映射、函数、极限、函数的连续等基本概念以及它们的一些性质.

第一节 映射与函数

一、集合

集合在中学数学中已有介绍,下面仅讨论以下几个方面.

1. 集合的概念

关于集合的描述性定义、集合的表示、元素与集合的关系、集合与集合之间的关系、常用数集的表示符号等内容与中学数学一致,在此不再叙述.

2. 集合的运算

集合的运算有并、交、差、补以及直积.

(1) 集合的并:$A \cup B = \{x \mid x \in A \text{ 或 } x \in B\}$;

(2) 集合的交:$A \cap B = \{x \mid x \in A \text{ 且 } x \in B\}$;

(3) 集合的差:$A \setminus B = \{x \mid x \in A \text{ 且 } x \notin B\}$;

(4) 集合的补:$\complement_I A = \{x \mid x \in I \text{ 且 } x \notin A\}$,其中 I 称为全集或基本集;

(5) 集合的直积:$A \times B = \{(x, y) \mid x \in A \text{ 且 } y \in B\}$.

集合运算满足以下运算律:

(1) 交换律:$A \cup B = B \cup A$;

(2) 结合律:$(A \cup B) \cup C = A \cup (B \cup C)$;

(3) 分配律:$(A \cup B) \cap C = (A \cap C) \cup (B \cap C)$,

$(A \cap B) \cup C = (A \cup C) \cap (B \cup C)$;

(4) 对偶律:$\complement_I (A \cup B) = \complement_I A \cap \complement_I B, \complement_I (A \cap B) = \complement_I A \cup \complement_I B$.

3. 区间和邻域

(1) 区间:

$\{x \mid a < x < b\} = (a, b)$;

$\{x \mid a \leqslant x \leqslant b\} = [a,b]$;

$\{x \mid a \leqslant x < b\} = [a,b)$;

$\{x \mid a < x \leqslant b\} = (a,b]$.

(2) 邻域：

① 以点 a 为中心的任何开区间称为点 a 的邻域，记为 $U(a)$.

② 设 δ 是任意正数，则开区间 $(a-\delta, a+\delta)$ 就是点 a 的一个邻域，这个邻域称为点 a 的 δ 邻域，记为 $U(a,\delta)$，即

$$U(a,\delta) = \{x \mid a-\delta < x < a+\delta\},$$

其中 a 称为邻域的中心，δ 称为邻域的半径.

由于 $a-\delta < x < a+\delta$ 也可表示为 $|x-a| < \delta$，因此

$$U(a,\delta) = \{x \mid |x-a| < \delta\}.$$

③ 去心邻域，即去掉邻域的中心 a，记为 $U^\circ(a,\delta)$，即

$$U^\circ(a,\delta) = \{x \mid 0 < |x-a| < \delta\}.$$

④ 左右邻域，我们把开区间 $(a-\delta, a)$ 称为点 a 的左 δ 邻域，把开区间 $(a, a+\delta)$ 称为 a 的右 δ 邻域.

另外，两个闭区间的直积表示 xOy 平面上的矩形区域. 例如

$$[a,b] \times [c,d] = \{(x,y) \mid x \in [a,b], y \in [c,d]\}.$$

二、映射

1. 映射概念

定义 1 设 X、Y 是两个非空集合，如果存在一个法则 f，使得对 X 中的每一个元素 x，按法则 f，在 Y 中有唯一确定的元素 y 与之对应，则称 f 为 X 到 Y 的**映射**，记作

$$f: X \to Y,$$

其中 y 称为元素 x（在映射 f 下）的**象**，记作 $f(x)$，即

$$y = f(x),$$

而元素 x 称为元素 y（在映射 f 下）的一个**原象**；集合 X 称为映射 f 的定义域，记为 D_f；X 中所有元素的象所组成的集合称为映射 f 的值域，记作 R_f 或 $f(X)$，即

$$R_f = f(X) = \{f(x) \mid x \in X\}.$$

2. 满射

设 f 是从集合 X 到集合 Y 的映射，若 $R_f = Y$，即 Y 中的每一个元素 y 都是 X 中某元素的象，则称 f 为 X 到 Y 的**满射**.

3. 单射

若对 X 的任意两个不同的元素 x_1, x_2，即 $x_1 \neq x_2$，它们的象也不同，即 $f(x_1) \neq f(x_2)$，则

称 f 为 X 到 Y 的**单射**.

4．一一映射(单满射)

若映射 f 既是单射又是满射,则称 f 为**一一映射**.

5．逆映射

如果 f 为 X 到 Y 的单满射,则对于每一个 $y \in R_f$,有唯一的 $x \in X$,使 $f(x) = y$,从而定义了一个从 R_f 到 X 的映射 g,即
$$g: R_f \to X,$$
这个映射 g 称为 f 的**逆映射**,记作 f^{-1},其定义域 $D_{f^{-1}} = R_f$,值域 $R_{f^{-1}} = X$.

6．复合映射

设有两个映射
$$g: X \to Y_1, \quad f: Y_2 \to Z,$$
其中 $Y_1 \subseteq Y_2$,则由映射 g 和 f 可以定义一个从 X 到 Z 的对应法则,它将每一个 $x \in X$ 映成
$$f[g(x)] \in Z.$$
这个法则确定了一个从 X 到 Z 的映射,这个映射称为 g 和 f 构成的复合映射,记为
$$f \circ g: X \to Z,$$
其中 $(f \circ g)(x) = f[g(x)], x \in X$.

三、函数

1．函数概念

定义 2 设数集 D,$D \subseteq R$,则称映射 $f: D \to R$ 为定义在 D 上的函数,记为
$$y = f(x), \quad x \in D,$$
其中 x 为自变量,y 为因变量,D 称为定义域,$f(D)$ 称为值域.

函数的三要素:定义域 D,对应法则 f,值域 $f(D)$.

函数的表示法:表格法,图象法,解析法.

函数
$$y = |x| = \begin{cases} x, & x \geq 0, \\ -x, & x < 0 \end{cases}$$
的定义域 $D = (-\infty, +\infty)$,值域 $f(D) = [0, +\infty)$,它的图象如图 1.1 所示. 这个函数称为**绝对值函数**.

函数
$$y = \operatorname{sgn} x = \begin{cases} 1, & x > 0, \\ 0, & x = 0, \\ -1, & x < 0 \end{cases}$$

称为**符号函数**,它的定义域 $D = (-\infty, +\infty)$,值域 $f(D) = \{-1,0,1\}$,它的图象如图 1.2 所示. 对任意实数 x,下列关系成立:

$$x = \operatorname{sgn} x \cdot |x|.$$

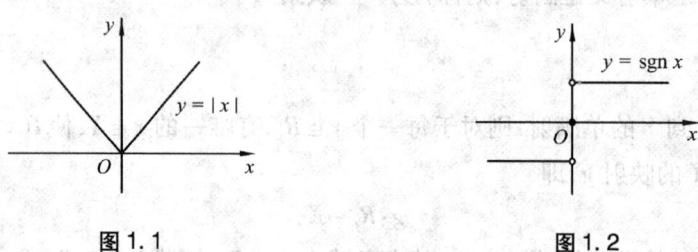

图 1.1   图 1.2

设 x 为任意实数,不超过 x 的最大整数称为 x 的整数部分,记为 $[x]$. 例如 $\left[\dfrac{2}{3}\right] = 0$, $[\sqrt{3}] = 1, [\pi] = 3, [-1] = -1, [-2.5] = -3$. 把 x 看作变量,则函数 $y = [x]$ 的定义域 $D = (-\infty, +\infty)$,值域 $f(D) = \mathbf{Z}$,它的图象如图 1.3 所示. 其图象称为阶梯曲线,这个函数称为**取整函数**.

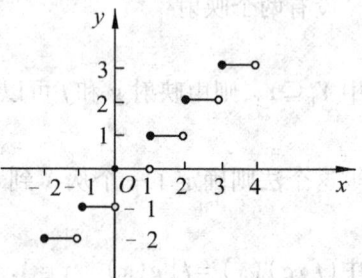

图 1.3

2. 具有特殊性质的函数

(1)有界函数.

设函数 $f(x)$ 的定义域为 D,如果存在数 K,对于所有的 $x \in D$,恒有

$$f(x) \leqslant K \quad (\text{或} f(x) \geqslant K),$$

则称函数 $f(x)$ 在 D 上是有**上界**(**下界**)的. 如果 $f(x)$ 在 D 上既有上界又有下界,则称函数 $f(x)$ 在 D 上**有界**,否则称它为在 X 上**无界**.

(2)单调函数.

设函数 $f(x)$ 的定义域为 D,区间 $I \subseteq D$,任意的 $x_1, x_2 \in I$,

① 当 $x_1 < x_2$ 时,恒有

$$f(x_1) < f(x_2),$$

则称 $f(x)$ 在 I 上是**单调增加**的;

② 当 $x_1 < x_2$ 时,恒有

$$f(x_1) > f(x_2),$$

则称 $f(x)$ 在 I 上是**单调减少**的.

(3)奇偶函数.

设函数 $f(x)$ 的定义域 D 是关于原点对称的,如果对于任意 $x \in D$,有

$$f(-x) = f(x)$$

恒成立,则称 $f(x)$ 为**偶函数**;如果对于任意 $x \in D$,有

$$f(-x) = -f(x)$$

恒成立,则称 $f(x)$ 为**奇函数**.

(4)周期函数.

假设函数 $f(x)$ 的定义域为 D,如果存在一个 $l>0$,使对于任一 $x \in D$,有 $x \pm l \in D$,且

$$f(x+l) = f(x)$$

恒成立,则称 $f(x)$ 为**周期函数**. l 称为 $f(x)$ 的**周期**,通常说函数的周期指的是**最小正周期**.

3. 反函数

设函数 $f:D \to f(D)$ 是单射,则它的逆映射 $f^{-1}:f(D) \to D$ 称为函数 f 的**反函数**. 一般地,函数 $y=f(x)$ 的反函数记为

$$y = f^{-1}(x), \quad x \in f(D).$$

4. 复合函数

设函数 $y=f(u)$ 的定义域为 D_1,函数 $u=g(x)$ 在 D 上有定义,且 $g(D) \subseteq D_1$,则由下式确定的函数

$$y = f[g(x)], \quad x \in D$$

称为由函数 $u=g(x)$ 和函数 $y=f(u)$ 构成的**复合函数**. 它的定义域为 D,变量 u 称为中间变量.

5. 函数的运算

假设函数 $f(x), g(x)$ 的定义域分别为 $D_1, D_2, D = D_1 \cap D_2 \neq \varnothing$,则可以定义这两个函数的运算:

和、差的运算 $f \pm g$: $(f \pm g)(x) = f(x) \pm g(x), x \in D$;

积的运算 $f \cdot g$: $(f \cdot g)(x) = f(x)g(x), x \in D$;

商的运算 $\dfrac{f}{g}$: $\left(\dfrac{f}{g}\right)(x) = \dfrac{f(x)}{g(x)}, x \in D \setminus \{x \mid g(x) = 0\}$.

6. 初等函数

(1)基本初等函数.

将下列几类函数称为基本初等函数:

常函数: $y = c, x \in \mathbf{R}$.

幂函数: $y = x^{\alpha}$ ($\alpha \in \mathbf{R}$,常数).

指数函数: $y = a^x$ ($a > 0$ 且 $a \neq 1$).

对数函数: $y = \log_a x$ ($a > 0$ 且 $a \neq 1$). 特别地,当 $a = 10$ 时,记为 $y = \lg x$;当 $a = e$ 时,记为 $y = \ln x$.

三角函数: $y = \sin x, y = \cos x, y = \tan x, y = \cot x$ 等.

反三角函数：$y=\arcsin x, y=\arccos x, y=\arctan x, y=\operatorname{arccot} x$ 等.

（2）初等函数.

由基本初等函数经过有限次的四则运算和复合而成，并可以用一个式子表示的函数称为**初等函数**.

（3）双曲函数.

双曲正弦：$\operatorname{sh} x = \dfrac{e^x - e^{-x}}{2}$；

双曲余弦：$\operatorname{ch} x = \dfrac{e^x + e^{-x}}{2}$；

双曲正切：$\operatorname{th} x = \dfrac{e^x - e^{-x}}{e^x + e^{-x}}$.

显然，双曲正弦的定义域为 $(-\infty, +\infty)$，它是奇函数，在定义域内它是单调增加的，它的图象在第一象限内随着 x 的增大接近于曲线 $y = \dfrac{1}{2}e^x$.

双曲余弦的定义域为 $(-\infty, +\infty)$. 它是偶函数，其图象经过点 $(0,1)$，且关于 y 轴对称. 在区间 $(-\infty,0)$ 内它是单调减少的，在区间 $(0, +\infty)$ 内它是单调增加的. 它的图象随着 x 的增大，在第一象限内接近于曲线 $y = \dfrac{1}{2}e^x$，而在第二象限内接近于曲线 $y = \dfrac{1}{2}e^{-x}$，如图 1.4 所示，$\operatorname{ch} 0 = 1$ 是这个函数的最小值.

双曲正切的定义域为 $(-\infty, +\infty)$. 它是奇函数，其图象通过原点，且关于原点对称. 在区间 $(-\infty, +\infty)$ 内它是单调增加的，其图象在水平直线 $y=1$ 及 $y=-1$ 之间，且当 $|x|$ 很大时，在第一象限内接近于直线 $y=1$，在第三象限内接近于直线 $y=-1$，如图 1.5 所示.

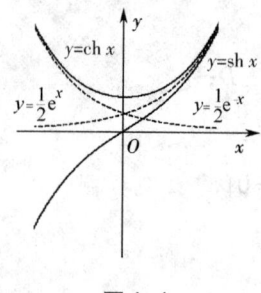

图 1.4

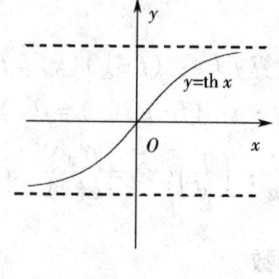

图 1.5

根据双曲函数的定义，有下列公式：

$\operatorname{sh}(x+y) = \operatorname{sh} x \operatorname{ch} y + \operatorname{ch} x \operatorname{sh} y$；

$\operatorname{sh}(x-y) = \operatorname{sh} x \operatorname{ch} y - \operatorname{ch} x \operatorname{sh} y$；

$\operatorname{ch}(x+y) = \operatorname{ch} x \operatorname{ch} y + \operatorname{sh} x \operatorname{sh} y$；

$\operatorname{ch}(x-y) = \operatorname{ch} x \operatorname{ch} y - \operatorname{sh} x \operatorname{sh} y$；

$\operatorname{ch}^2 x - \operatorname{sh}^2 x = 1$；

$\operatorname{sh} 2x = 2\operatorname{sh} x \operatorname{ch} x$；

$$\operatorname{ch} 2x = \operatorname{ch}^2 x + \operatorname{sh}^2 x.$$

以上公式与三角函数的有关公式类似,把它们进行对比记忆.

反双曲函数,我们作以下讨论.

反双曲正弦:$y = \operatorname{arsh} x$;

反双曲余弦:$y = \operatorname{arch} x$;

反双曲正切:$y = \operatorname{arth} x$.

因为 $y = \operatorname{sh} x = \dfrac{e^x - e^{-x}}{2}$,则 $e^{2x} - 2ye^x - 1 = 0$,所以

$$e^x = y \pm \sqrt{y^2 + 1}.$$

因为 $e^x > 0$,所以 $e^x = y + \sqrt{y^2 + 1}$,则

$$x = \ln(y + \sqrt{y^2 + 1}),$$

故得

$$y = \operatorname{arsh} x = \ln(x + \sqrt{x^2 + 1}).$$

显然 $y = \operatorname{arsh} x$ 的定义域为 $(-\infty, +\infty)$,它是奇函数,在区间 $(-\infty, +\infty)$ 内是单调增加的. 由 $y = \operatorname{sh} x$ 可作 $y = \operatorname{arsh} x$ 的图象,如图 1.6 所示.

下面讨论双曲余弦 $y = \operatorname{ch} x \,(x \geq 0)$ 的反函数. 由 $\operatorname{ch} x = y$,有

$$y = \frac{e^x + e^{-x}}{2} \quad (y \geq 1),$$

由此得 $e^x = y \pm \sqrt{y^2 - 1}$,故有 $x = \ln(y + \sqrt{y^2 - 1})$,所以

$$y = \operatorname{arch} x = \ln(x + \sqrt{x^2 - 1}),$$

其定义域为 $[1, +\infty)$,它在区间 $[1, +\infty)$ 上是单调增函数,如图 1.7 所示.

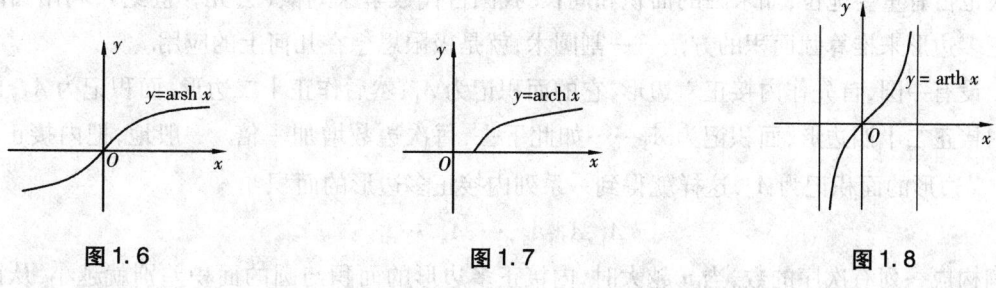

图 1.6　　　　　图 1.7　　　　　图 1.8

同理可得

$$y = \operatorname{arth} x = \frac{1}{2} \ln \frac{1+x}{1-x},$$

它的定义域为 $(-1, 1)$,在区间 $(-1, 1)$ 内是单调增函数,且是奇函数,其图象关于原点对称,如图 1.8 所示.

习题 1-1

1. 设
$$f(x) = \begin{cases} |\sin x|, & |x| < \dfrac{\pi}{3}, \\ 0, & |x| \geq \dfrac{\pi}{3}, \end{cases}$$

求 $f\left(\dfrac{\pi}{6}\right), f\left(\dfrac{\pi}{4}\right), f\left(-\dfrac{\pi}{3}\right), f(-1)$,并做出图象.

2. 设 $y = x^2$,当 $x \in U(0, \delta)$ 时,要使 $y \in U(0, 2)$,δ 需取多少?

第二节　数列的极限

一、数列极限的定义

为了掌握变量的变化规律,有时不仅要考虑变量的变化过程,而且还要从它的变化过程来判断它的变化趋势. 例如,有这么一个变量,它开始是 1,然后变为 $\dfrac{1}{2}$,接着变为 $\dfrac{1}{3}$,然后是 $\dfrac{1}{4}, \dfrac{1}{5}, \cdots, \dfrac{1}{n}, \cdots$ 如此一直无尽地变下去. 虽然它是无尽的,但它的变化却有一个趋势,这个趋势就是在变化过程中越来越接近于 0,此时我们就说这个变量的极限是 0. 高等数学中有很多重要的概念和方法都和极限有关,因此可以说极限是高等数学的工具. 在实际问题中,极限也占有重要地位,如求圆的面积和周长. 我国古代数学家刘徽(公元 3 世纪),利用圆内接正多边形来推算圆面积的方法——割圆术,就是极限思想在几何上的应用.

设有一圆,首先作内接正六边形,它的面积记为 A_1;然后作正十二边形,面积记为 A_2;再作内接正二十四边形,面积记为 A_3……如此下去,每次边数增加一倍. 一般地,把内接正 $6 \times 2^{n-1}$ 边形的面积记为 A_n,这样就得到一系列内接正多边形的面积

$$A_1, A_2, A_3, \cdots, A_n, \cdots$$

它们构成一列有次序的数,当 n 越大时,内接正多边形的面积与圆的面积差别就越小,从而以 A_n 作为面积的近似值也越精确. 但无论 n 取如何大,只要 n 取定了,A_n 也只是多边形的面积,而不是圆的面积. 如果 n 无限增大(记为 $n \to \infty$,读作 n 趋于无穷大)时,内接正多边形的边数也无限增加,而在这个过程中,内接正多边形无限接近于圆. 这个"无限接近"的过程就是一个极限过程. 这时 A_n 也无限接近某一确定的数值,这个确定的数值可理解为圆的面积.

我们首先说明数列的概念. 如果按照某一法则,对于每一个 $n \in \mathbf{N}^+$,都对应着一个确定的实数 x_n. 这些实数 x_n 按照下标 n 从小到大排列得到的一个序列

$$x_1, x_2, \cdots, x_n, \cdots$$

叫作数列,简记为$\{x_n\}$.

数列中的每一个数叫作数列的项,第n项叫作数列的一般项.

一些简单数列的例子如下:

$\left\{\dfrac{(-1)^n}{n}\right\}$具体写出来就是:$-1,\dfrac{1}{2},-\dfrac{1}{3},\dfrac{1}{4},\cdots$;

$\left\{1+\dfrac{1}{n}\right\}$具体写出来就是:$2,1+\dfrac{1}{2},1+\dfrac{1}{3},1+\dfrac{1}{4},\cdots$;

$\{n^2\}$具体写出来就是:$1,4,9,16,\cdots$;

$\{1+(-1)^n\}$具体写出来就是:$0,2,0,2,\cdots$;

数列$\{x_n\}$可看作自变量为正整数n的函数

$$x_n = f(n), \quad n \in \mathbf{N}^+,$$

当自变量n依次取$1,2,3\cdots$等所有正整数时,对应的函数值就排列成数列$\{x_n\}$.

现在我们关心的是:当n无限增大时(即$n\to\infty$时),对应的$x_n = f(n)$是否能无限接近于某个确定的数值. 如果能,这个数值又等于什么?

从直观上容易看出,数列$\left\{1+\dfrac{1}{n}\right\}$随着$n$的增大,越来越接近于1. 但我们还是要进一步分析一下,如何用数学语言来表达. 所谓数列$\left\{1+\dfrac{1}{n}\right\}$越来越接近于1,是指随着项数$n$的增加,$1+\dfrac{1}{n}$越来越接近于1. 换句话说:当$n$不断增大时,$1+\dfrac{1}{n}$与1的差不断接近于0,即当$n$相当大时,$1+\dfrac{1}{n}$与1的差相当小.

进一步又可以说,随便给定一个无论多么小的正数ε,$1+\dfrac{1}{n}$与1之差的绝对值总会小于这个ε,条件是n必须充分大. 但究竟n要多大呢? 只要按照下面的方法去做就可以了,即为了使得

$$\left|1+\dfrac{1}{n}-1\right| = \dfrac{1}{n} < \varepsilon \quad \left(1+\dfrac{1}{n}\text{与}1\text{之差的绝对值比}\varepsilon\text{小}\right).$$

解此不等式,可得

$$n > \dfrac{1}{\varepsilon}.$$

把上面的话连接起来就是:对于任意给定的$\varepsilon > 0$,只要$n > \dfrac{1}{\varepsilon}$,就能证明$1+\dfrac{1}{n}$与1之差的绝对值小于$\varepsilon$,这就意味着$1+\dfrac{1}{n}$越来越接近1. 把这句话略加抽象,可得到数列极限的定义.

定义1(数列极限的定义) 设$\{x_n\}$为一数列,如果存在常数a,对于任意给定的正数ε(无论它多么小),总存在一个正整数N,使得当$n > N$时,不等式

$$|x_n - a| < \varepsilon$$

都成立. 我们就称常数 a 是数列 $\{x_n\}$ 的极限,或称数列 $\{x_n\}$ 收敛于 a,记为

$$\lim_{n \to \infty} x_n = a$$

或
$$x_n \to a \quad (n \to \infty).$$

如果不存在这样的常数 a,就说数列 $\{x_n\}$ 没有极限,或者说数列 $\{x_n\}$ 是发散的,习惯上说 $\lim\limits_{n \to \infty} x_n$ 不存在.

上面定义中的正数,可以任意给定是很重要的. 只有这样,不等式 $|x_n - a| < \varepsilon$ 才能表达出 x_n 与 a 无限接近的意思. 此外,还应注意到,定义中的正整数 N 与任意给定的正数 ε 有关,它随着 ε 的给定而选定.

现在,我们给出数列极限的几何解释. 在定义中不等式

$$|x_n - a| < \varepsilon$$

就是
$$a - \varepsilon < x_n < a + \varepsilon.$$

它表示 x_n 在开区间 $(a - \varepsilon, a + \varepsilon)$ 内. 因此 $\{x_n\}$ 以 a 为极限就是对于任意给定的一个开区间 $(a - \varepsilon, a + \varepsilon)$,第 N 项以后的一切数 $x_{N+1}, x_{N+2}, \cdots$ 全部落在这个区间内(见图 1.9),而只有有限个(至多 N 个)在区间以外.

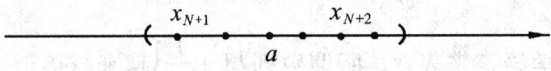

图 1.9

为了表达方便,引入记号"$\forall$",它表示"对于任意给定的"或"对于每一个";记号"$\exists$"表示"存在". 于是"对于任意给定的 $\varepsilon > 0$"可写成"$\forall \varepsilon > 0$";"存在正整数 N"可写成"$\exists$ 正整数 N",而数列极限 $\lim\limits_{n \to \infty} x_n = a$ 的定义表达为

$$\lim_{n \to \infty} x_n = a \Leftrightarrow \forall \varepsilon > 0, \exists \text{正整数 } N, \text{当 } n > N \text{ 时},\text{有} |x_n - a| < \varepsilon.$$

数列极限的定义并没有直接提供求数列极限的方法,关于极限的求法后面再讲. 现在举几个例子说明极限的概念以及如何用定义来考查数列的极限.

例 1 证明数列

$$2, \frac{1}{2}, \frac{4}{3}, \frac{3}{4}, \cdots, \frac{n + (-1)^{n-1}}{n}, \cdots$$

的极限是 1.

证明 $\forall \varepsilon > 0$,要使

$$|x_n - 1| = \left| \frac{n + (-1)^{n-1}}{n} - 1 \right| = \left| \frac{(-1)^{n-1}}{n} \right| = \frac{1}{n} < \varepsilon,$$

则有 $n > \dfrac{1}{\varepsilon}$,取 $N = \left[\dfrac{1}{\varepsilon}\right]$,当 $n > N$ 时,

$$\left| \frac{n + (-1)^{n-1}}{n} - 1 \right| < \varepsilon$$

总成立. 故

$$\lim_{n\to\infty}\frac{n+(-1)^{n-1}}{n}=1.$$

例2 证明数列 $\left\{\dfrac{n}{(n+1)^2}\right\}$ 的极限是 0.

证明 $\forall \varepsilon>0$，要使

$$\left|\frac{n}{(n+1)^2}-0\right|=\frac{n}{(n+1)^2}<\frac{n}{n^2}=\frac{1}{n}<\varepsilon,$$

即 $n>\dfrac{1}{\varepsilon}$，取 $N=\left[\dfrac{1}{\varepsilon}\right]$，当 $n>N$ 时，

$$\left|\frac{n}{(n+1)^2}-0\right|<\varepsilon$$

总成立. 故

$$\lim_{n\to\infty}\frac{n}{(n+1)^2}=0.$$

例3 证明：$\lim\limits_{n\to\infty}q^n=0$ ($|q|<1$).

证明 当 $q=0$ 时，显然有 $\lim\limits_{n\to\infty}q^n=0$.

当 $q\neq 0$ 时，$\forall \varepsilon>0$，不妨设 $\varepsilon<1$，要使 $|q^n-0|=|q^n|<\varepsilon$，只需

$$n\ln|q|<\ln\varepsilon,$$

即 $n>\dfrac{\ln\varepsilon}{\ln|q|}$（因为 $\ln|q|<0$），取 $N=\left[\dfrac{\ln\varepsilon}{\ln|q|}\right]$，则当 $n>N$ 时，

$$|q^n|<\varepsilon$$

总成立. 故 $\lim\limits_{n\to\infty}q^n=0$.

二、收敛数列的性质

定理 1(极限的唯一性) 如果数列 $\{x_n\}$ 收敛，那么它的极限唯一.

证明 用反证法.

设同时有 $x_n\to a$ 及 $x_n\to b$ 且 $a<b$，则取 $\varepsilon=\dfrac{b-a}{2}$，由 $\lim\limits_{n\to\infty}x_n=a$ 可知，对 $\varepsilon=\dfrac{b-a}{2}>0$，$\exists N_1$，当 $n>N_1$ 时，有

$$|x_n-a|<\frac{b-a}{2} \tag{1-1}$$

由 $\lim\limits_{n\to\infty}x_n=b$ 可知，对 $\varepsilon=\dfrac{b-a}{2}>0$，$\exists N_2$，当 $n>N_2$ 时，有

$$|x_n-b|<\frac{b-a}{2} \tag{1-2}$$

取 $N=\max\{N_1,N_2\}$，当 $n>N$ 时，式(1-1)、式(1-2) 同时成立. 但由式(1-1)有 $x_n<\dfrac{a+b}{2}$，而由式(1-2)有 $x_n>\dfrac{a+b}{2}$，矛盾. 因此定理 1 是成立的.

定理 2（收敛数列的有界性） 如果数列 $\{x_n\}$ 收敛，那么数列 $\{x_n\}$ 一定有界.

证明 设 $\lim\limits_{n\to\infty} x_n = a$，根据数列极限的定义，对 $\varepsilon = 1$，$\exists N$，当 $n > N$ 时，不等式
$$|x_n - a| < 1$$
都成立. 于是，当 $n > N$ 时
$$|x_n| = |x_n - a + a| \leq |x_n - a| + |a| < 1 + |a|,$$
取 $M = \max\{|x_1|, |x_2|, \cdots, |x_N|, 1 + |a|\}$，那么对于数列 $\{x_n\}$ 中的一切 x_n，都满足
$$|x_n| \leq M,$$
从而数列 $\{x_n\}$ 是有界的.

根据上述定理，如果 $\{x_n\}$ 无界，那么数列 $\{x_n\}$ 一定发散. 但 $\{x_n\}$ 有界，却不能断定数列 $\{x_n\}$ 一定收敛. 例如，数列
$$1, -1, 1, \cdots, (-1)^{n+1}, \cdots$$
有界，但该数列是发散的. 因此数列有界是数列收敛的必要条件，但不是充分条件.

定理 3（收敛数列的保号性） 如果 $\lim\limits_{n\to\infty} x_n = a$，且 $a > 0$（或 $a < 0$），那么存在正整数 N，当 $n > N$ 时，都有 $x_n > 0$（或 $x_n < 0$）.

证明 就 $a > 0$ 的情形证明. 由数列极限的定义，对 $\varepsilon = \dfrac{a}{2} > 0$，$\exists N$，当 $n > N$ 时，有 $|x_n - a| < \dfrac{a}{2}$，从而
$$x_n > a - \frac{a}{2} = \frac{a}{2} > 0.$$

推论 1 如果收敛数列 $\{x_n\}$ 从某一项起都有 $x_n \geq 0$（或 $x_n \leq 0$），且 $\lim\limits_{n\to\infty} x_n = a$，那么
$$a \geq 0 \text{（或 } a \leq 0\text{）}.$$

证明 设数列 $\{x_n\}$ 从第 N_1 项起，即当 $n > N_1$ 时，有 $x_n \geq 0$. 现用反证法证明.

若 $\lim\limits_{n\to\infty} x_n = a < 0$，则由定理 3 知，$\exists N_2$，当 $n > N_2$ 时，有 $x_n < 0$.

取 $N = \max\{N_1, N_2\}$，当 $n > N$ 时，由假设有 $x_n \geq 0$. 而由定理 3，有 $x_n < 0$，矛盾. 故有 $a \geq 0$.

数列 $\{x_n\}$ 从某一项起都有 $x_n \leq 0$ 的情形，可类似证明.

现在介绍子列的概念及关于收敛的数列与子列之间的关系定理.

在数列 $\{x_n\}$ 中任意抽取无限多项，并保持这些项在原数列 $\{x_n\}$ 中的先后次序，这样得到的一个数列称为原数列 $\{x_n\}$ 的子数列（或子列）.

设在数列 $\{x_n\}$ 中，第一次抽取的记为 x_{n_1}，第二次在 x_{n_1} 后抽取的记为 x_{n_2}，第三次在 x_{n_2} 后抽取的记为 x_{n_3}……这样无休止地抽取下去，就得到一个数列
$$x_{n_1}, x_{n_2}, x_{n_3}, \cdots, x_{n_k}, \cdots$$
这个数列 $\{x_{n_k}\}$ 就是 $\{x_n\}$ 的一个子列.

定理 4（收敛数列与其子列之间的关系） 如果数列 $\{x_n\}$ 收敛于 a，那么它的任何一个子列也收敛，且极限也是 a.

证明 设数列 $\{x_{n_k}\}$ 是数列 $\{x_n\}$ 的任一子列. 由于 $\lim\limits_{n\to\infty} x_n = a$，故 $\forall \varepsilon > 0$，$\exists N$，当 $n > N$

时, 有$|x_n - a| < \varepsilon$成立.

取$K = N$, 则当$k > K$时, $n_k > n_N \geq N$, 于是$|x_{n_k} - a| < \varepsilon$, 这就证明了$\lim\limits_{k\to\infty} x_{n_k} = a$.

由定理4可知, 如果数列$\{x_n\}$有两个子列收敛于不同的极限, 那么数列$\{x_n\}$是发散的. 例如, 数列$1, -1, 1, \cdots, (-1)^{n+1}, \cdots$的子列$\{x_{2k-1}\}$收敛于1, 而子列$\{x_{2k}\}$收敛于$-1$, 因此数列$x_n = (-1)^{n+1} (n = 1, 2, \cdots)$是发散的, 同时这个例子也说明了一个发散数列也可能有收敛的子数列.

习题 1-2

1. 已知数列$\{x_n\}$的一般项x_n, 通过观察写出它的极限.

(1) $x_n = \dfrac{(-1)^n}{2^n}$;

(2) $x_n = \dfrac{n+1}{n-1}$;

(3) $x_n = \dfrac{1 + (-1)^n}{2^n}$;

(4) $x_n = 1 + \dfrac{1}{n^2}$.

2. 用数列极限的定义证明:

(1) $\lim\limits_{n\to\infty} \dfrac{1}{n^2} = 0$;

(2) $\lim\limits_{n\to\infty} \dfrac{2n+1}{n+1} = 2$;

(3) $\lim\limits_{n\to\infty} \left(\dfrac{1}{2}\right)^n = 0$;

(4) $\lim\limits_{n\to\infty} 0.\underbrace{99\cdots9}_{n} = 1$.

3. 若$\lim\limits_{n\to\infty} x_n = |a|$, 证明: $\lim\limits_{n\to\infty} |x_n| = |a|$, 并举例说明, 如果数列$\{|x_n|\}$有极限, 但数列$\{x_n\}$的极限不一定存在.

4. 设数列$\{x_n\}$有界, 且$\lim\limits_{n\to\infty} y_n = 0$, 证明: $\lim\limits_{n\to\infty} x_n y_n = 0$.

第三节 函数的极限

一、函数极限的定义

因为数列$\{x_n\}$可看作自变量为n的函数$x_n = f(n)$, $n \in \mathbf{N}^+$, 所以, 可由数列极限的定义, 引出函数极限的一般概念, 即在自变量的某个变化过程中, 如果对应的函数值无限接近于某个确定的数, 那么这个确定的数就叫作在这一变化过程中函数的极限. 由于自变量的变化过程不同, 函数的极限也表现为不同的形式. 对于函数的极限主要研究两种情形:

(1) 自变量x无限接近于x_0或者说趋近于x_0(记作$x \to x_0$)时, 对应的函数值$f(x)$的变化情况.

(2) 自变量x的绝对值$|x|$无限增大, 即趋于无穷大(记作$|x| \to \infty$)时, 对应的函数值$f(x)$的变化情况.

1. 自变量 x 趋于 x_0 时函数的极限

现在考虑如果函数 $f(x)$ 在 $x \to x_0$ 的过程中,对应的函数值 $f(x)$ 无限接近于确定的数值 A,那么就说 A 是函数 $f(x)$ 当 $x \to x_0$ 时的极限. 这里我们首先假定函数 $f(x)$ 在 x_0 的某个去心邻域内有定义.

由数列极限的定义可以过渡到函数极限的定义. 也就是说,在 $x \to x_0$ 的过程中,函数 $f(x)$ 无限接近于 A,就是 $|f(x) - A|$ 能任意小,即对于任意小的正数 ε,$|f(x) - A| < \varepsilon$. 而 $x \to x_0$ 可表达为 $0 < |x - x_0| < \delta$,其中 δ 是某个正数. 从几何上来看,适合不等式 $0 < |x - x_0| < \delta$ 的 x 的全体,即点 x_0 的去心 δ 邻域,而邻域半径 δ 体现了 x 接近 x_0 的程度. 因此有如下的定义:

定义 1 设函数 $f(x)$ 在点 x_0 的某个邻域内有定义,如果存在常数 A,对于任意给定的正数 ε(无论它多么小),总存在正数 δ,使得当 x 满足不等式 $0 < |x - x_0| < \delta$ 时,对应的函数值 $f(x)$ 都满足不等式

$$|f(x) - A| < \varepsilon.$$

那么常数 A 就叫作函数 $f(x)$ 当 $x \to x_0$ 时的极限,记作

$$\lim_{x \to x_0} f(x) = A \quad \text{或} \quad f(x) \to A \ (x \to x_0).$$

特别指出,定义中 $0 < |x - x_0| < \delta$ 表示 $x \neq x_0$,所以 $x \to x_0$ 时 $f(x)$ 有没有极限与 $f(x)$ 在点 x_0 是否有定义并无关系.

定义 1 也可简单表述为

$$\lim_{x \to x_0} f(x) = A \Leftrightarrow \forall \varepsilon > 0, \exists \delta > 0, \text{当} \ 0 < |x - x_0| < \delta \ \text{时,有} \ |f(x) - A| < \varepsilon.$$

函数 $f(x)$ 当 $x \to x_0$ 时的极限为 A 的几何解释(见图 1.10):任给正数 ε,作平行于 x 轴的两条平行直线 $y = A + \varepsilon$ 和 $y = A - \varepsilon$,介于这两条直线间的是一条横条区域. 根据定义,对于任给 ε,存在点 x_0 的一个 δ 邻域 $(x_0 - \delta, x_0 + \delta)$,当 $y = f(x)$ 的图象上点的横坐标 x 在邻域 $(x_0 - \delta, x_0 + \delta)$ 内,但 $x \neq x_0$ 时,这些点的纵坐标 $f(x)$ 满足不等式

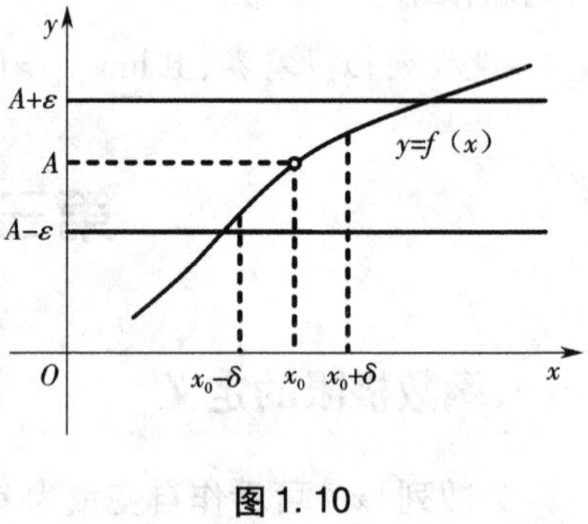

$$|f(x) - A| < \varepsilon,$$

或

$$A - \varepsilon < f(x) < A + \varepsilon.$$

图 1.10

例 1 证明:$\lim\limits_{x \to x_0} C = C$ (C 为常数).

证明 $\forall \varepsilon > 0$,要使

$$|f(x) - C| = |C - C| = 0 < \varepsilon,$$

只需取 $\delta = \varepsilon$,当 $0 < |x - x_0| < \delta$ 时,有

$$|f(x) - C| < \varepsilon,$$

所以

$$\lim_{x \to x_0} C = C.$$

例2 证明:$\lim\limits_{x\to 1}(2x-1)=1$.

证明 $\forall \varepsilon>0$,要使
$$|f(x)-1|=|2x-1-1|=2|x-1|<\varepsilon,$$
只需$|x-1|<\dfrac{\varepsilon}{2}$.

因此取$\delta=\dfrac{\varepsilon}{2}$,当$0<|x-1|<\delta$时,对应的函数值$f(x)$满足不等式
$$|f(x)-1|<\varepsilon,$$
从而
$$\lim_{x\to 1}(2x-1)=1.$$

例3 证明:$\lim\limits_{x\to 1}\dfrac{x^2-1}{x-1}=2$.

证明 $\forall \varepsilon>0$ 要使
$$\left|\dfrac{x^2-1}{x-1}-2\right|=|x-1|<\varepsilon,$$
只需取$\delta=\varepsilon$,当$0<|x-1|<\delta$时,有
$$\left|\dfrac{x^2-1}{x-1}-2\right|<\varepsilon,$$
故
$$\lim_{x\to 1}\dfrac{x^2-1}{x-1}=2.$$

例4 证明:当$x_0>0$时,$\lim\limits_{x\to x_0}\sqrt{x}=\sqrt{x_0}$.

证明 $\forall \varepsilon>0$,因为
$$|f(x)-A|=|\sqrt{x}-\sqrt{x_0}|=\dfrac{|x-x_0|}{\sqrt{x}+\sqrt{x_0}}\leqslant\dfrac{1}{\sqrt{x_0}}|x-x_0|,$$
要使$|f(x)-A|<\varepsilon$,只需$|x-x_0|<\sqrt{x_0}\varepsilon$. 另一方面为使$x\geqslant 0$,只需$|x-x_0|\leqslant x_0$. 因此取$\delta=\min\{x_0,\sqrt{x_0}\varepsilon\}$,则当$0<|x-x_0|<\delta$时,对应的函数值$\sqrt{x}$满足不等式
$$|\sqrt{x}-\sqrt{x_0}|<\varepsilon,$$
所以
$$\lim_{x\to x_0}\sqrt{x}=\sqrt{x_0}.$$

在$x\to x_0$时函数$f(x)$的极限概念中,x既从x_0的左侧也从x_0的右侧趋于x,但有时只能或只需考虑x仅从x_0的左侧趋于x_0(记作$x\to x_0^-$)的情形,或x仅从x_0的右侧趋于x_0(记作$x\to x_0^+$)的情形,从而有了左、右极限的概念.

设函数$f(x)$在点x_0的某个左邻域内有定义,如果存在常数A,若$\forall \varepsilon>0$,$\exists \delta>0$,当$x_0-\delta<x<x_0$时,有$|f(x)-A|<\varepsilon$,则称A为$x\to x_0^-$时函数$f(x)$的左极限,记为
$$\lim_{x\to x_0^-}f(x)=A \quad 或 \quad f(x_0^-)=A.$$

设函数$f(x)$在点x_0的某个右邻域内有定义,如果存在常数A,若$\forall \varepsilon>0$,$\exists \delta>0$,当$x_0<x<x_0+\delta$时,有$|f(x)-A|<\varepsilon$,则称A为$x\to x_0^+$时函数$f(x)$的右极限,记为

$$\lim_{x \to x_0^+} f(x) = A \quad \text{或} \quad f(x_0^+) = A.$$

函数的左、右极限统称为单侧极限.

根据 $x \to x_0$ 时函数 $f(x)$ 的极限定义,以及左、右极限的定义,容易证明:函数 $f(x)$ 当 $x \to x_0$ 时极限存在的充分必要条件是左、右极限存在且相等,即

$$f(x_0^-) = f(x_0^+).$$

因此,即使 $f(x_0^-)$ 和 $f(x_0^+)$ 都存在,但若不相等,那么 $\lim\limits_{x \to x_0} f(x)$ 也不存在.

例 5 函数

$$f(x) = \begin{cases} x - 1, & x < 0, \\ 0, & x = 0, \\ x + 1, & x > 0, \end{cases}$$

证明:当 $x \to 0$ 时,$f(x)$ 的极限不存在.

证明 因为

$$\lim_{x \to 0^-} f(x) = \lim_{x \to 0^-}(x-1) = -1,$$
$$\lim_{x \to 0^+} f(x) = \lim_{x \to 0^+}(x+1) = 1,$$

即左、右极限存在但不相等,所以 $\lim\limits_{x \to 0} f(x)$ 不存在,如图 1.11 所示.

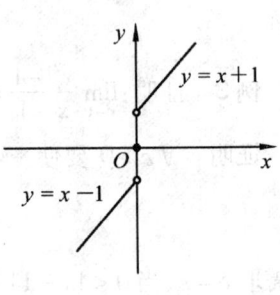

图 1.11

2. 自变量趋于无穷大时函数的极限

如果在 $x \to \infty$ 的过程中,对应的函数值 $f(x)$ 无限接近于确定的数值 A,那么 A 叫作函数 $f(x)$ 当 $x \to \infty$ 时的极限. 因此有如下的定义:

定义 2 设函数 $f(x)$ 当 $|x|$ 大于某一正数时有定义,如果存在常数 A,对于任意给定的正数 ε(不论多么小),总存在正数 X,使得当 x 满足不等式:$|x| > X$ 时,对应的函数值 $f(x)$ 满足不等式

$$|f(x) - A| < \varepsilon,$$

那么常数 A 就叫作函数 $f(x)$ 当 $x \to \infty$ 时的极限,记为

$$\lim_{x \to \infty} f(x) = A \quad \text{或} \quad f(x) \to A \ (x \to \infty).$$

定义 2 可简单表述为:

$$\lim_{x \to \infty} f(x) = A \Leftrightarrow \forall \varepsilon > 0, \exists X > 0, \text{当} |x| > X \text{时,有} |f(x) - A| < \varepsilon.$$

同理有 $x \to +\infty$,$x \to -\infty$,$f(x)$ 的极限为 A 的定义:

$$\lim_{x \to +\infty} f(x) = A \Leftrightarrow \forall \varepsilon > 0, \exists X > 0, \text{当} x > X \text{时,有} |f(x) - A| < \varepsilon.$$
$$\lim_{x \to -\infty} f(x) = A \Leftrightarrow \forall \varepsilon > 0, \exists X > 0, \text{当} x < -X \text{时,有} |f(x) - A| < \varepsilon.$$

$\lim\limits_{x \to \infty} f(x) = A$ 的几何解释请学生思考.

例 6 证明:$\lim\limits_{x \to \infty} \dfrac{1}{x} = 0.$

证明 $\forall \varepsilon > 0$,欲使

$$\left|\frac{1}{x}-0\right|=\frac{1}{|x|}<\varepsilon,$$

即
$$|x|>\frac{1}{\varepsilon},$$

只需取 $X=\frac{1}{\varepsilon}$,即当 $|x|>X$ 时,有不等式

$$\left|\frac{1}{x}-0\right|<\varepsilon,$$

故
$$\lim_{x\to\infty}\frac{1}{x}=0.$$

实际上由几何意义可知 $y=0$ 是函数 $y=\frac{1}{x}$ 的图象的水平渐近线.

一般地,如果 $\lim\limits_{x\to\infty}f(x)=C$,则直线 $y=C$ 是函数 $y=f(x)$ 图象的水平渐近线.

二、函数极限的性质

由于函数极限的定义按自变量 x 的不同的变化过程有各种形式,所以下面仅以 "$\lim\limits_{x\to x_0}f(x)$" 这种形式为代表给出函数极限的一些性质. 至于其他形式函数的极限性质,只需要作相应的修改即可证明.

定理 1(函数极限的唯一性) 如果 $\lim\limits_{x\to x_0}f(x)$ 存在,那么这个极限唯一.

定理 2(函数极限的局部有界性) 如果 $\lim\limits_{x\to x_0}f(x)=A$,那么存在常数 $M>0$ 和 $\delta>0$,使当 $0<|x-x_0|<\delta$ 时,有 $|f(x)|<M$.

证明 因为 $\lim\limits_{x\to x_0}f(x)=A$,所以对 $\varepsilon=1$,$\exists\delta$,当 $0<|x-x_0|<\delta$ 时,有 $|f(x)-A|<1$,那么有

$$|f(x)|\leqslant|f(x)-A|+|A|<|A|+1,$$

取 $M=|A|+1$,即可获证.

定理 3(函数极限的局部保号性) 如果 $\lim\limits_{x\to x_0}f(x)=A$,而且 $A>0$(或 $A<0$),那么存在常数 $\delta>0$,使得当 $0<|x-x_0|<\delta$ 时,有 $f(x)>0$(或 $f(x)<0$).

证明 就 $A>0$ 的情形证明.

因为 $\lim\limits_{x\to x_0}f(x)=A>0$,所以对 $\varepsilon=\frac{A}{2}>0$,$\exists\delta>0$,当 $0<|x-x_0|<\delta$ 时,有

$$|f(x)-A|<\frac{A}{2}.$$

所以有不等式

$$f(x)>A-\frac{A}{2}=\frac{A}{2}>0.$$

类似地可以证明 $A<0$ 的情况.

定理 3' 如果 $\lim\limits_{x\to x_0}f(x)=A\;(A\neq0)$,那么存在 x_0 的某一去心邻域 $U^\circ(x_0)$,当 $x\in U^\circ(x_0)$

时,有 $|f(x)| > \dfrac{|A|}{2}$.

推论 1 如果在 x_0 的某一去心邻域内,$f(x) \geq 0$（或 $f(x) \leq 0$）,且 $\lim\limits_{x \to x_0} f(x) = A$,那么 $A \geq 0$（或 $A \leq 0$）.

定理 4（函数极限与数列极限之间的关系） 如果 $\lim\limits_{x \to x_0} f(x) = A$,$\{x_n\}$ 为函数 $f(x)$ 的定义域内任一收敛于 x_0 的数列,且满足 $x_n \neq x_0 (n \in \mathbf{N}^+)$,那么相应的函数值数列 $\{f(x_n)\}$ 必收敛,且 $\lim\limits_{n \to \infty} f(x_n) = \lim\limits_{x \to x_0} f(x)$.

证明 设 $\lim\limits_{x \to x_0} f(x) = A$,有 $\forall \varepsilon > 0$,$\exists \delta > 0$,当 $0 < |x - x_0| < \delta$ 时,有 $|f(x) - A| < \varepsilon$.

又 $\lim\limits_{n \to \infty} x_n = x_0$,则对 $\delta > 0$,$\exists N$,当 $n > N$ 时,有 $|x_n - x_0| < \delta$.

由假设 $x_n \neq x_0 (n \in \mathbf{N}^+)$,故当 $n > N$ 时 $0 < |x_n - x_0| < \delta$,从而 $|f(x_n) - A| < \varepsilon$,所以
$$\lim_{n \to \infty} f(x_n) = A.$$

习题 1-3

1. 根据函数极限的定义证明：

(1) $\lim\limits_{x \to 2} \dfrac{x^2 - 4}{x - 2} = 4$; (2) $\lim\limits_{x \to -\frac{1}{2}} \dfrac{1 - 4x^2}{2x + 1} = 2$;

(3) $\lim\limits_{x \to \infty} \dfrac{2x^2 + 3x + 1}{x^2 + 2} = 2$; (4) $\lim\limits_{x \to \infty} \dfrac{\sin x}{\sqrt{x}} = 0$.

2. 证明：函数 $f(x) = |x|$,当 $x \to 0$ 时极限为零.

3. 判断函数
$$f(x) = \begin{cases} x^2, & x \geq 0, \\ \sin x, & x < 0 \end{cases}$$
在 $x = 0$ 处的极限是否存在. 若存在,求出极限;若不存在,说明理由.

4. 根据极限的定义证明：函数 $f(x)$ 当 $x \to x_0$ 时极限存在的充分必要条件是左、右极限存在且相等.

第四节 无穷小与无穷大

一、无穷小

定义 1 如果函数 $f(x)$ 当 $x \to x_0$ 时（或 $x \to \infty$ 时）的极限为零,那么该函数 $f(x)$ 为当 $x \to x_0$ 时（或 $x \to \infty$ 时）的无穷小.

特别地,以零为极限的数列 $\{x_n\}$ 称为 $n \to \infty$ 时的无穷小.

例 1 因为 $\lim\limits_{x \to 2}(x^2 - 4) = 0$,所以函数 $x^2 - 4$ 为当 $x \to 2$ 时的无穷小.

因为 $\lim\limits_{x\to\infty}\dfrac{1}{x}=0$，所以函数 $\dfrac{1}{x}$ 为当 $x\to\infty$ 时的无穷小.

注意：不要把无穷小与很小的数混为一谈.

以下定理说明无穷小与函数极限之间的关系.

定理 1 在自变量的同一变化过程 $x\to x_0$（或 $x\to\infty$）中，函数 $f(x)$ 具有极限 A 的充分必要条件是 $f(x)=A+\alpha$，其中 α 是无穷小.

证明 必要性. 设 $\lim\limits_{x\to x_0}f(x)=A$，则 $\forall\varepsilon>0$，$\exists\delta>0$，当 $0<|x-x_0|<\delta$ 时，有
$$|f(x)-A|<\varepsilon,$$
令 $\alpha=f(x)-A$，则 α 是当 $x\to x_0$ 时的无穷小，且
$$f(x)=A+\alpha.$$

充分性. 设 $f(x)=A+\alpha$，其中 A 是常数，α 是当 $x\to x_0$ 时的无穷小，于是
$$|f(x)-A|=|\alpha|.$$
因为 α 是当 $x\to x_0$ 时的无穷小，所以 $\forall\varepsilon>0$，$\exists\delta>0$，当 $0<|x-x_0|<\delta$ 时，有
$$|\alpha|<\varepsilon,$$
即
$$|f(x)-A|<\varepsilon.$$

类似地可以证明当 $x\to\infty$ 时的情形.

二、无穷大

如果当 $x\to x_0$（或 $x\to\infty$）时，对应的函数值的绝对值 $|f(x)|$ 无限增大，就称 $f(x)$ 为 $x\to x_0$（或 $x\to\infty$）时的无穷大.

定义 2 设函数 $f(x)$ 在 x_0 的某一去心邻域内有定义（或 $|x|$ 大于某一正数时有定义），如果对于任意给定的正数 M（无论它多么大），总存在正数 δ（或正数 X），只要 x 适合不等式 $0<|x-x_0|<\delta$（或 $|x|>X$），对应的函数值 $f(x)$ 总满足不等式
$$|f(x)|>M,$$
则称函数 $f(x)$ 为当 $x\to x_0$（或 $x\to\infty$）时的无穷大.

当 $x\to x_0$（或 $x\to\infty$）时的无穷大的函数 $f(x)$，按函数极限定义来讲，极限是不存在的，但为了便于叙述函数的极限概念，我们也说"函数的极限是无穷大"，记作
$$\lim_{x\to x_0}f(x)=\infty\quad(\text{或}\lim_{x\to\infty}f(x)=\infty).$$

注意：无穷大 ∞ 不是数，不可与很大的数混于一谈.

下面是对几种情形的叙述：

$\lim\limits_{x\to x_0}f(x)=\infty \Leftrightarrow \forall M>0$，$\exists\delta>0$，当 $0<|x-x_0|<\delta$ 时，有 $|f(x)|>M$.

$\lim\limits_{x\to\infty}f(x)=\infty \Leftrightarrow \forall M>0$，$\exists X>0$，当 $|x|>X$ 时，有 $|f(x)|>M$.

$\lim\limits_{x\to x_0}f(x)=+\infty \Leftrightarrow \forall M>0$，$\exists\delta>0$，当 $0<|x-x_0|<\delta$ 时，有 $f(x)>M$.

$\lim\limits_{x\to\infty}f(x)=+\infty \Leftrightarrow \forall M>0$，$\exists X>0$，当 $|x|>X$ 时，有 $f(x)>M$.

$\lim\limits_{x\to x_0}f(x)=-\infty \Leftrightarrow \forall M>0$，$\exists\delta>0$，当 $0<|x-x_0|<\delta$ 时，有 $f(x)<-M$.

$\lim\limits_{x\to\infty} f(x) = -\infty \Leftrightarrow \forall M > 0, \exists X > 0,$ 当$|x| > X$ 时,有 $f(x) < -M$.

$\lim\limits_{x\to+\infty} f(x) = +\infty$, $\lim\limits_{x\to-\infty} f(x) = -\infty$, 又该怎样表述,请学生自己考虑.

例 2 证明:$\lim\limits_{x\to 1} \dfrac{1}{x-1} = \infty$(见图 1.12).

证明 $\forall M > 0$, 要使 $\left|\dfrac{1}{x-1}\right| > M$, 只需 $|x-1| < \dfrac{1}{M}$.

取 $\delta = \dfrac{1}{M}$, 则当 $0 < |x-1| < \delta$ 时, 有 $\left|\dfrac{1}{x-1}\right| > M$,

所以 $\lim\limits_{x\to 1} \dfrac{1}{x-1} = \infty$.

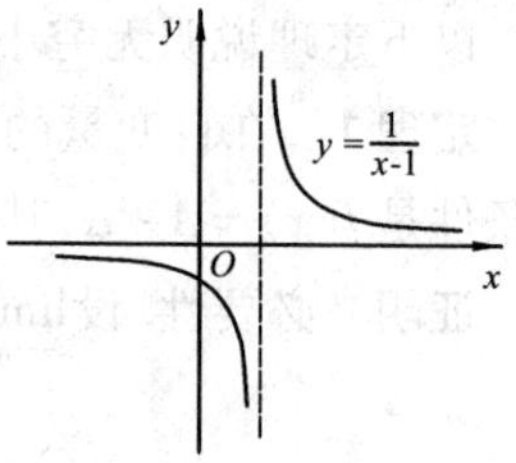

图 1.12

直线 $x = 1$ 是函数 $y = \dfrac{1}{x-1}$ 的铅直渐近线.

一般地,如果 $\lim\limits_{x\to x_0} f(x) = \infty$, 则直线 $x = x_0$ 是函数 $y = f(x)$ 的铅直渐近线.

定理 2 在自变量的同一变化过程中,如果 $f(x)$ 为无穷大,则 $\dfrac{1}{f(x)}$ 为无穷小;反之,如果 $f(x)$ 为无穷小,且 $f(x) \neq 0$,则 $\dfrac{1}{f(x)}$ 为无穷大.

证明留给学生.

习题 1-4

1. 两个无穷小的变量是否一定为无穷小,举例说明.
2. 根据定义证明:

   (1) $\lim\limits_{x\to 2} \dfrac{x^2-4}{x+2} = 0$; (2) $\lim\limits_{x\to 0} x\sin\dfrac{1}{x} = 0$;

   (3) $\lim\limits_{x\to 0} \dfrac{2x+3}{x} = \infty$.

3. 求下列极限,并说明理由.

   (1) $\lim\limits_{x\to\infty} \dfrac{2x+1}{x}$; (2) $\lim\limits_{x\to 0} \dfrac{1-x^2}{1-x}$.

4. 证明:函数 $y = \dfrac{1}{x}\sin\dfrac{1}{x}$ 在区间 $(0,1]$ 上无界,但不是 $x\to 0^+$ 时的无穷大.

第五节 极限运算法则

本节主要讨论极限运算法则,其中包括四则运算法则、复合函数的极限法则.

在下面的讨论中,只针对 $x\to x_0$ 及 $x\to\infty$ 的情形,为方便起见,简记为"lim". 而在证明中,只证当 $x\to x_0$ 时的情形, $x\to\infty$ 的情形留给学生思考.

定理 1 有限个无穷小的和仍为无穷小.

证明 实际上只需证明两个无穷小的和仍为无穷小即可.

设 $\lim\limits_{x\to x_0} f(x) = 0, \forall \varepsilon > 0$,则对 $\dfrac{\varepsilon}{2} > 0, \exists \delta_1 > 0$,当 $0 < |x - x_0| < \delta_1$ 时,有

$$|f(x)| < \frac{\varepsilon}{2},$$

又 $\lim\limits_{x\to x_0} g(x) = 0$,则对 $\dfrac{\varepsilon}{2} > 0, \exists \delta_2 > 0$,当 $0 < |x - x_0| < \delta_2$ 时,有

$$|g(x)| < \frac{\varepsilon}{2},$$

记 $F(x) = f(x) + g(x)$,取 $\delta = \min\{\delta_1, \delta_2\}$,则当 $0 < |x - x_0| < \delta$ 时,有

$$|F(x)| = |f(x) + g(x)| \leqslant |f(x)| + |g(x)| < \frac{\varepsilon}{2} + \frac{\varepsilon}{2} = \varepsilon.$$

同理可证,有限个无穷小的和仍为无穷小.

定理 2 有界函数与无穷小量的积仍为无穷小.

证明 设函数 $f(x)$ 在 x_0 的某个去心邻域 $U^\circ(x_0, \delta_1)$ 内有界,即 $\exists M > 0$,使 $|f(x)| < M$ 对一切 $x \in U^\circ(x_0, \delta_1)$ 成立. 又设 α 是当 $x \to x_0$ 时的无穷小,即 $\forall \varepsilon > 0$,对 $\dfrac{\varepsilon}{M}, \exists \delta_2 > 0$,当 $0 < |x - x_0| < \delta_2$ 时,有

$$|\alpha| < \frac{\varepsilon}{M},$$

取 $\delta = \min\{\delta_1, \delta_2\}$,则当 $x \in U^\circ(x_0, \delta)$ 时 $|f(x)| < M$ 及 $|\alpha| < \dfrac{\varepsilon}{M}$ 同时成立,从而

$$|f(x)\alpha| = |f(x)||\alpha| < M \cdot \frac{\varepsilon}{M} = \varepsilon,$$

那么 $f(x)\alpha$ 为无穷小.

推论 1 常数与无穷小的乘积仍为无穷小.

推论 2 有限个无穷小的乘积仍是无穷小.

定理 3 如果 $\lim f(x) = A, \lim g(x) = B$,那么

(1) $\lim [f(x) \pm g(x)] = \lim f(x) \pm \lim g(x) = A \pm B$;

(2) $\lim [f(x) g(x)] = \lim f(x) \lim g(x) = AB$;

(3) 若 $B \neq 0$,则

$$\lim \frac{f(x)}{g(x)} = \frac{\lim f(x)}{\lim g(x)} = \frac{A}{B}.$$

证明 先证 (1).

因为 $\lim f(x) = A, \lim g(x) = B$,则有

$$f(x) = A + \alpha, \quad g(x) = B + \beta,$$

其中 α, β 均为无穷小. 于是

$$f(x) \pm g(x) = A \pm B + (\alpha \pm \beta),$$

所以
$$\lim[f(x) \pm g(x)] = A \pm B = \lim f(x) \pm \lim g(x).$$
(2)、(3)留给学生证明.

定理3中的(1)、(2)可以推广到有限个函数的情形.

推论3 如果$\lim f(x)$存在,C为常数,则
$$\lim Cf(x) = C\lim f(x),$$
也就是说,常数因子可以提到极限符号外面,这是因为$\lim C = C$.

推论4 如果$\lim f(x)$存在,而$n \in \mathbf{N}^+$,则
$$\lim[f(x)]^n = [\lim f(x)]^n,$$
这是因为
$$\lim[f(x)]^n = \lim[f(x) \cdot f(x) \cdots f(x)]$$
$$= \lim f(x) \cdot \lim f(x) \cdots \lim f(x) = [\lim f(x)]^n.$$

关于数列,也有类似的四则运算法则.

定理4 设数列$\{x_n\}$和$\{y_n\}$,如果$\lim x_n = A$,$\lim y_n = B$,那么

(1) $\lim(x_n \pm y_n) = A \pm B$;

(2) $\lim x_n y_n = AB$;

(3) 当$y_n \neq 0$ ($n = 1, 2, \cdots$)且$B \neq 0$时,$\lim \dfrac{x_n}{y_n} = \dfrac{A}{B}$.

证明从略.

例1 求$\lim\limits_{x \to 2} \dfrac{x^3 - 1}{x^2 - 5x + 3}$.

解
$$\lim_{x \to 2} \frac{x^3 - 1}{x^2 - 5x + 3} = \frac{\lim\limits_{x \to 2}(x^3 - 1)}{\lim\limits_{x \to 2}(x^2 - 5x + 3)} = \frac{\lim\limits_{x \to 2} x^3 - \lim\limits_{x \to 2} 1}{\lim\limits_{x \to 2} x^2 - \lim\limits_{x \to 2} 5x + \lim\limits_{x \to 2} 3}$$
$$= \frac{(\lim\limits_{x \to 2} x)^3 - \lim\limits_{x \to 2} 1}{(\lim\limits_{x \to 2} x)^2 - 5\lim\limits_{x \to 2} x + 3} = \frac{2^3 - 1}{2^2 - 10 + 3} = -\frac{7}{3}.$$

例2 求$\lim\limits_{x \to 1} \dfrac{x - 1}{x^3 - 1}$.

解 因为$x \to 1$,但$x \neq 1$,故可通过分解因式约去趋于零的因式. 所以
$$\lim_{x \to 1} \frac{x - 1}{x^3 - 1} = \lim_{x \to 1} \frac{x - 1}{(x - 1)(x^2 + x + 1)} = \lim_{x \to 1} \frac{1}{x^2 + x + 1} = \frac{1}{3}.$$

例3 求$\lim\limits_{x \to 1} \dfrac{2x - 3}{x^2 - 5x + 4}$.

解 因为$\lim\limits_{x \to 1} x^2 - 5x + 4 = 0$,而$\lim\limits_{x \to 1} 2x - 3 \neq 0$,因此不能用极限法则,但
$$\lim_{x \to 1} \frac{x^2 - 5x + 4}{2x - 3} = \frac{1^2 - 5 \times 1 + 4}{2 \times 1 - 3} = 0,$$
故
$$\lim_{x \to 1} \frac{2x - 3}{x^2 - 5x + 4} = \infty.$$

例 4 求 $\lim\limits_{x\to\infty}\dfrac{3x^3+4x^2+2}{7x^3+5x^2-3}$.

解 $\lim\limits_{x\to\infty}\dfrac{3x^3+4x^2+2}{7x^3+5x^2-3}=\lim\limits_{x\to\infty}\dfrac{3+\dfrac{4}{x}+\dfrac{2}{x^3}}{7+\dfrac{5}{x}-\dfrac{3}{x^3}}=\dfrac{3}{7}$.

例 5 求 $\lim\limits_{x\to\infty}\dfrac{3x^2-2x-1}{2x^3-x^2+5}$.

解 $\lim\limits_{x\to\infty}\dfrac{3x^2-2x-1}{2x^3-x^2+5}=\lim\limits_{x\to\infty}\dfrac{\dfrac{3}{x}-\dfrac{2}{x^2}-\dfrac{1}{x^3}}{2-\dfrac{1}{x}+\dfrac{5}{x^3}}=\dfrac{0}{2}=0$.

例 6 求 $\lim\limits_{x\to\infty}\dfrac{2x^3-x^2+5}{3x^2-2x-1}$.

解 因为 $\lim\limits_{x\to\infty}\dfrac{3x^2-2x-1}{2x^3-x^2+5}=0$,所以

$$\lim_{x\to\infty}\frac{2x^3-x^2+5}{3x^2-2x-1}=\infty.$$

由例 4、例 5、例 6 可以看出,当 $a_0\neq 0,b_0\neq 0,m$ 和 n 为非负整数时,有

$$\lim_{x\to\infty}\frac{a_0x^m+a_1x^{m-1}+\cdots+a_m}{b_0x^n+b_1x^{n-1}+\cdots+b_n}=\begin{cases}\dfrac{a_0}{b_0}, & n=m,\\ 0, & n>m,\\ \infty, & n<m.\end{cases}$$

例 7 求 $\lim\limits_{x\to\infty}\dfrac{\sin x}{x}$.

解 当 $x\to\infty$ 时,分子、分母的极限均不存在,故不能用商的极限运算法则,但我们可将 $\dfrac{\sin x}{x}$ 视为 $\sin x$ 与 $\dfrac{1}{x}$ 的乘积. 由于 $\lim\limits_{x\to\infty}\dfrac{1}{x}=0$,而 $|\sin x|\leq 1$,根据定理我们有

$$\lim_{x\to\infty}\frac{\sin x}{x}=0.$$

定理 5(复合函数的极限运算法则) 设函数 $y=f[g(x)]$ 是由函数 $y=f(u)$ 与函数 $u=g(x)$ 复合而成的,而且满足

(1) $\lim\limits_{x\to x_0}g(x)=u_0$;

(2) $\lim\limits_{u\to u_0}f(u)=A$;

(3) 存在 $\delta_0>0$,当 $x\in U^\circ(x_0,\delta_0)$ 时,有 $g(x)\neq u_0$;

那么有

$$\lim_{x\to x_0}f[g(x)]=\lim_{u\to u_0}f(u)=A.$$

习题 1-5

1. 计算下列极限.

(1) $\lim\limits_{x\to\sqrt{3}} \dfrac{x^3-3}{x^2+1}$;

(2) $\lim\limits_{x\to 1} \dfrac{x^2-2x+1}{x^2-1}$;

(3) $\lim\limits_{x\to 0} \dfrac{4x^3-2x^2+x}{3x^2+2x}$;

(4) $\lim\limits_{n\to\infty} \dfrac{(x+n)^2-x^2}{n}$;

(5) $\lim\limits_{x\to\infty}\left(2-\dfrac{1}{x}+\dfrac{1}{x^2}\right)$;

(6) $\lim\limits_{x\to\infty} \dfrac{x^2+x}{x^4-3x^2+1}$;

(7) $\lim\limits_{x\to 4} \dfrac{x^2-6x+8}{x^2-5x+4}$;

(8) $\lim\limits_{n\to\infty}\left(1+\dfrac{1}{2}+\dfrac{1}{4}+\cdots+\dfrac{1}{2^n}\right)$;

(9) $\lim\limits_{x\to 1}\left(\dfrac{1}{1-x}-\dfrac{3}{1-x^3}\right)$.

2. 求下列极限.

(1) $\lim\limits_{x\to 2} \dfrac{x^3+2x^2}{x-2}$;

(2) $\lim\limits_{x\to\infty}(2x^3-x+1)$.

3. 计算下列极限.

(1) $\lim\limits_{x\to 0} x^2 \sin\dfrac{1}{x}$;

(2) $\lim\limits_{x\to\infty} \dfrac{\arctan x}{x}$.

4. 证明：当 $\lim f(x)=A, \lim g(x)=B$ 时
$$\lim[f(x)g(x)]=\lim f(x)\lim g(x)=AB.$$

第六节　极限存在准则　两个重要极限

本节将介绍判定极限存在的两个准则，以及作为准则应用的例子，即两个重要极限：
$$\lim_{x\to 0}\dfrac{\sin x}{x}=1,\quad \lim_{x\to\infty}\left(1+\dfrac{1}{x}\right)^x=\mathrm{e}.$$

准则 I　如果数列 $\{x_n\}, \{y_n\}, \{z_n\}$ 满足下列条件：

(1) $y_n \leq x_n \leq z_n$;

(2) $\lim\limits_{n\to\infty} y_n=a, \lim\limits_{n\to\infty} z_n=a$,

那么数列 $\{x_n\}$ 的极限存在，且 $\lim\limits_{n\to\infty} x_n=a$.

证明　因为 $\lim\limits_{n\to\infty} y_n=a$，则 $\forall \varepsilon>0, \exists N_1$，当 $n>N_1$ 时，有
$$a-\varepsilon<y_n<a+\varepsilon \tag{1-3}$$

又 $\lim\limits_{n\to\infty} z_n=a$，则 $\forall \varepsilon>0, \exists N_2$，当 $n>N_2$ 时，有
$$a-\varepsilon<z_n<a+\varepsilon \tag{1-4}$$

取 $N=\max\{N_1, N_2\}$，当 $n>N$ 时，式(1-3)和式(1-4)同时成立，则

$$a-\varepsilon<y_n\leqslant x_n\leqslant z_n<a+\varepsilon,$$

即 $|x_n-a|<\varepsilon$ 成立,这就证明了 $\lim\limits_{n\to\infty}x_n=a.$

上述数列极限存在准则可以推广到函数的极限.

准则 I′ 如果

(1) 当 $x\in U^\circ(x_0,\delta)$(或 $|x|>M$)时, $g(x)\leqslant f(x)\leqslant h(x)$;

(2) $\lim\limits_{\substack{x\to x_0\\(x\to\infty)}}g(x)=A,\ \lim\limits_{\substack{x\to x_0\\(x\to\infty)}}h(x)=A,$

那么 $\lim\limits_{\substack{x\to x_0\\(x\to\infty)}}f(x)$ 存在,且 $\lim\limits_{\substack{x\to x_0\\(x\to\infty)}}f(x)=A.$

准则 I 及准则 I′称为夹逼准则.

作为准则 I′的应用,我们来证明一个重要极限:

$$\lim_{x\to 0}\frac{\sin x}{x}=1.$$

证明 如图 1.13 所示,作单位圆. 设圆心角

$$\angle AOP=x\ \left(0<x<\frac{\pi}{2}\right),$$

点 A 处的切线与 OP 的延长线相交于 T,又因为 $PQ\perp OA$,则

$$\sin x=QP, x=\widehat{AP}, \tan x=AT.$$

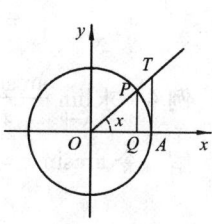

图 1.13

因为

$$S_{\triangle OPQ}<S_{\text{扇形}OAP}<S_{\triangle OAT},$$

所以

$$\frac{1}{2}\sin x<\frac{1}{2}x<\frac{1}{2}\tan x,$$

即

$$1<\frac{x}{\sin x}<\frac{1}{\cos x}\quad\text{或}\quad \cos x<\frac{\sin x}{x}<1.$$

因为用 $-x$ 代替 x 时,$\cos x$ 与 $\dfrac{\sin x}{x}$ 的符号都不变,所以上面式子对于开区间 $\left(-\dfrac{\pi}{2},0\right)$ 内一切 x 也成立,而且 $\lim\limits_{x\to 0}1=1.$ 当 $0<|x|<\dfrac{\pi}{2}$ 时,

$$0<|\cos x-1|=1-\cos x=2\sin^2\frac{x}{2}<2\left(\frac{x}{2}\right)^2=\frac{x^2}{2},$$

即

$$0<\cos x-1<\frac{x^2}{2}.$$

当 $x\to 0$ 时,$\dfrac{x^2}{2}\to 0$,所以

$$\lim_{x\to 0}\cos x=1.$$

由准则 I′,即得

$$\lim_{x\to 0}\frac{\sin x}{x}=1.$$

例1 求 $\lim\limits_{x\to 0}\dfrac{\tan x}{x}$.

解 $\lim\limits_{x\to 0}\dfrac{\tan x}{x}=\lim\limits_{x\to 0}\dfrac{\sin x}{x}\cdot\dfrac{1}{\cos x}=\lim\limits_{x\to 0}\dfrac{\sin x}{x}\cdot\lim\limits_{x\to 0}\dfrac{1}{\cos x}=1.$

例2 求 $\lim\limits_{x\to 0}\dfrac{1-\cos x}{x^2}$.

解 $\lim\limits_{x\to 0}\dfrac{1-\cos x}{x^2}=\lim\limits_{x\to 0}\dfrac{2\sin^2\dfrac{x}{2}}{x^2}=\dfrac{1}{2}\lim\limits_{x\to 0}\left(\dfrac{\sin^2\dfrac{x}{2}}{\dfrac{x}{2}}\right)^2=\dfrac{1}{2}\times 1^2=\dfrac{1}{2}.$

例3 求 $\lim\limits_{x\to 0}\dfrac{\tan\alpha x}{\tan\beta x}$ （α,β 为非零常数）.

解 $\lim\limits_{x\to 0}\dfrac{\tan\alpha x}{\tan\beta x}=\lim\limits_{x\to 0}\dfrac{\tan\alpha x}{\alpha x}\cdot\dfrac{\beta x}{\tan\beta x}\cdot\dfrac{\alpha}{\beta}=\lim\limits_{x\to 0}\dfrac{\tan\alpha x}{\alpha x}\cdot\lim\limits_{x\to 0}\dfrac{\beta x}{\tan\beta x}\cdot\lim\limits_{x\to 0}\dfrac{\alpha}{\beta}$

$=1\times 1\times\dfrac{\alpha}{\beta}=\dfrac{\alpha}{\beta}.$

例4 求 $\lim\limits_{x\to 0}\dfrac{\arcsin x}{x}$.

解 令 $\arcsin x=t$，则 $x=\sin t$，且当 $x\to 0, t\to 0$，因此

$$\lim\limits_{x\to 0}\dfrac{\arcsin x}{x}=\lim\limits_{t\to 0}\dfrac{t}{\sin t}=1.$$

准则 II 单调有界数列必有极限.

如果数列 $\{x_n\}$ 满足条件

$$x_1\leqslant x_2\leqslant\cdots\leqslant x_n\leqslant x_{n+1}\leqslant\cdots,$$

则称数列 $\{x_n\}$ 是**单调增加的**；如果数列 $\{x_n\}$ 满足条件

$$x_1\geqslant x_2\geqslant\cdots\geqslant x_n\geqslant x_{n+1}\geqslant\cdots,$$

则称数列是**单调减少的**. 单调增加和单调减少统称为 $\{x_n\}$ 单调.

对于准则 II，我们不作证明. 作为应用我们讨论另一个重要极限：

$$\lim\limits_{x\to\infty}\left(1+\dfrac{1}{x}\right)^x=\mathrm{e}.$$

下面考虑 x 取正整数 n 而且趋于 $+\infty$ 的情形.

设 $x_n=\left(1+\dfrac{1}{n}\right)^n$，我们来证数列 $\{x_n\}$ 单调增加且有界. 按二项式展开，则

$x_n=\left(1+\dfrac{1}{n}\right)^n$

$=1+\dfrac{n}{1!}\cdot\dfrac{1}{n}+\dfrac{n(n-1)}{2!}\cdot\dfrac{1}{n^2}+\dfrac{n(n-1)(n-2)}{3!}\cdot\dfrac{1}{n^3}+\cdots+\dfrac{n(n-1)(n-2)\cdots(n-n+1)}{n!}\cdot\dfrac{1}{n^n}$

$=1+1+\dfrac{1}{2!}\left(1-\dfrac{1}{n}\right)+\dfrac{1}{3!}\left(1-\dfrac{1}{n}\right)\left(1-\dfrac{2}{n}\right)+\cdots+\dfrac{1}{n!}\left(1-\dfrac{1}{n}\right)\left(1-\dfrac{2}{n}\right)\cdots\left(1-\dfrac{n-1}{n}\right),$

$x_{n+1}=1+1+\dfrac{1}{2!}\left(1-\dfrac{1}{n+1}\right)+\dfrac{1}{3!}\left(1-\dfrac{1}{n+1}\right)\left(1-\dfrac{2}{n+1}\right)+\cdots+\dfrac{1}{n!}\left(1-\dfrac{1}{n+1}\right)\left(1-\dfrac{2}{n+1}\right)\cdots\left(1-\dfrac{n-1}{n+1}\right)+$

$$\frac{1}{(n+1)!}\left(1-\frac{1}{n+1}\right)\left(1-\frac{2}{n+1}\right)\cdots\left(1-\frac{n}{n+1}\right),$$

容易得出

$$x_n < 1+1+\frac{1}{2!}+\frac{1}{3!}+\cdots+\frac{1}{n!} < 1+1+\frac{1}{2}+\frac{1}{2^2}+\cdots+\frac{1}{2^{n-1}} = 3-\frac{1}{2^{n-1}} < 3,$$

且 $0 < x_n < x_{n+1}$，说明 $\{x_n\}$ 单调增且有界.

根据极限存在准则 II，这个数列的极限存在，通常用字母 e 来表示，即

$$\lim_{n\to\infty}\left(1+\frac{1}{n}\right)^n = \mathrm{e}.$$

可以证明，当 x 取实数而趋于 $+\infty$ 或 $-\infty$ 时，函数 $\left(1+\frac{1}{x}\right)^x$ 的极限都存在且都等于 e，因此

$$\lim_{x\to\infty}\left(1+\frac{1}{x}\right)^x = \mathrm{e}.$$

这个数 e 是无理数，它的值是

$$\mathrm{e} = 2.718\,281\,828\,459\,045\cdots$$

利用极限运算法则有

$$\lim_{x\to 0}(1+x)^{\frac{1}{x}} = \lim_{z\to\infty}\left(1+\frac{1}{z}\right)^z = \mathrm{e}.$$

实际上，在上式中令 $x = \frac{1}{z}$，当 $x\to 0$ 时，$z\to\infty$.

例 5 求 $\lim\limits_{x\to\infty}\left(1-\frac{1}{x}\right)^x$.

解 令 $t = -x$，则 $x\to\infty$ 时，$t\to\infty$，于是有

$$\lim_{x\to\infty}\left(1-\frac{1}{x}\right)^x = \lim_{t\to\infty}\left(1+\frac{1}{t}\right)^{-t} = \lim_{t\to\infty}\frac{1}{\left(1+\frac{1}{t}\right)^t} = \frac{1}{\mathrm{e}}.$$

准则 II′ 设函数 $f(x)$ 在点 x_0 的某个左邻域内单调有界，则 $f(x)$ 在 x_0 的左极限 $f(x_0^-)$ 必定存在.

例 6 求 $\lim\limits_{x\to\infty}\left(\frac{x+2}{x+1}\right)^x$.

解
$$\lim_{x\to\infty}\left(\frac{x+2}{x+1}\right)^x = \lim_{x\to\infty}\left(1+\frac{1}{x+1}\right)^{x+1}\cdot\frac{1}{\left(1+\frac{1}{x+1}\right)}$$

$$= \lim_{x\to\infty}\left(1+\frac{1}{x+1}\right)^{x+1}\lim_{x\to\infty}\frac{1}{1+\frac{1}{x+1}} = \mathrm{e}\cdot 1 = \mathrm{e}.$$

习题 1-6

1. 求下列极限.

(1) $\lim\limits_{x\to 0}\dfrac{\tan 2x}{x}$;

(2) $\lim\limits_{x\to 0}\dfrac{\sin \beta x}{\sin \alpha x}$ (α,β 为非零常数);

(3) $\lim\limits_{x\to 0}\dfrac{\arctan x}{2x}$;

(4) $\lim\limits_{x\to 0} x\cot x$;

(5) $\lim\limits_{x\to 0}\dfrac{1-\cos 2x}{x\sin x}$;

(6) $\lim\limits_{n\to \infty} 2^n \sin \dfrac{x}{2^n}$ (x 为非零常数).

2. 计算下列极限.

(1) $\lim\limits_{x\to 0}(1-x)^{\frac{1}{x}}$;

(2) $\lim\limits_{x\to 0}(1+2x)^{\frac{1}{x}}$;

(3) $\lim\limits_{x\to \infty}\left(\dfrac{1+x}{x}\right)^{2x}$;

(4) $\lim\limits_{x\to \infty}\left(1-\dfrac{1}{x}\right)^{kx}$ (k 为正整数).

3. 利用极限准则证明.

(1) $\lim\limits_{n\to \infty}\sqrt{1+\dfrac{1}{n}}=1$;

(2) $\lim\limits_{n\to \infty} n\left(\dfrac{1}{n^2+\pi}+\dfrac{1}{n^2+2\pi}+\cdots+\dfrac{1}{n^2+n\pi}\right)=1$.

第七节 无穷小的比较

由第五节知道,两个无穷小的和、差、积仍为无穷小,但两个无穷小的商却出现不同的情况. 例如,当 $x\to 0$ 时,$x,x^2,\sin x$ 都是无穷小,但

$$\lim\limits_{x\to 0}\dfrac{x^2}{x}=0,\quad \lim\limits_{x\to 0}\dfrac{x}{x^2}=\infty,\quad \lim\limits_{x\to 0}\dfrac{\sin x}{x}=1,$$

这反映了不同的无穷小趋于零的"快慢"是不一样的. 就上面的例子而言,在 $x\to 0$ 的过程中,$x^2\to 0$ 比 $x\to 0$"快些",$x\to 0$ 比 $x^2\to 0$"慢些",$\sin x\to 0$ 与 $x\to 0$"快慢相仿",由此有下面的定义.

定义 1 设 $\lim f(x)=0, \lim g(x)=0$ 且 $g(x)\neq 0$,

如果 $\lim \dfrac{f(x)}{g(x)}=0$,就说 $f(x)$ 是比 $g(x)$ 高阶的无穷小,记为 $f(x)=o(g(x))$;

如果 $\lim \dfrac{f(x)}{g(x)}=\infty$,就说 $f(x)$ 是比 $g(x)$ 低阶的无穷小;

如果 $\lim \dfrac{f(x)}{g(x)}=c\neq 0$,就说 $f(x)$ 与 $g(x)$ 是同阶无穷小;

如果 $\lim \dfrac{f(x)}{[g(x)]^k}=c\neq 0$,就说 $f(x)$ 是关于 $g(x)$ 的 k 阶无穷小;

如果 $\lim \dfrac{f(x)}{g(x)}=1$,就说 $f(x)$ 与 $g(x)$ 是等价无穷小,记为 $f(x)\sim g(x)$.

显然等价无穷小是同阶无穷小在 $c=1$ 时的特殊情形.

下面举一些例子说明.

因为 $\lim\limits_{x\to 0}\dfrac{x^2}{x}=0$，所以当 $x\to 0$ 时，x^2 是比 x 高阶的无穷小，即 $x^2=o(x)$.

因为 $\lim\limits_{x\to 2}\dfrac{x^2-4}{x-2}=4$，所以当 $x\to 2$ 时，x^2-4 与 $x-2$ 是同阶无穷小.

因为 $\lim\limits_{x\to 0}\dfrac{1-\cos x}{x^2}=\dfrac{1}{2}$，所以当 $x\to 0$ 时，$1-\cos x$ 是关于 x 的二阶无穷小.

因为 $\lim\limits_{x\to 0}\dfrac{\sin x}{x}=1$，所以当 $x\to 0$ 时，$\sin x$ 与 x 是等价无穷小.

下面介绍几个常用的等价无穷小.

例 1 证明：当 $x\to 0$ 时，

$$\tan x \sim x, \quad \arcsin x \sim x, \quad \arctan x \sim x, \quad 1-\cos x \sim \dfrac{1}{2}x^2.$$

证明 因为

$$\lim_{x\to 0}\dfrac{\tan x}{x}=1, \quad \lim_{x\to 0}\dfrac{\arcsin x}{x}=1, \quad \lim_{x\to 0}\dfrac{\arctan x}{x}=1,$$

$$\lim_{x\to 0}\dfrac{1-\cos x}{\dfrac{1}{2}x^2}=\lim_{x\to 0}\dfrac{2\sin^2\dfrac{x}{2}}{\dfrac{1}{2}x^2}=\lim_{x\to 0}\left(\dfrac{\sin\dfrac{x}{2}}{\dfrac{x}{2}}\right)^2=1,$$

所以

$$\tan x \sim x, \quad \arcsin x \sim x, \quad \arctan x \sim x, \quad 1-\cos x \sim \dfrac{1}{2}x^2.$$

例 2 证明：当 $x\to 0$ 时，$\sqrt[n]{1+x}-1\sim\dfrac{1}{n}x$.

证明 因为

$$\lim_{x\to 0}\dfrac{\sqrt[n]{1+x}-1}{\dfrac{1}{n}x}=\lim_{x\to 0}\dfrac{\left(\sqrt[n]{1+x}\right)^n-1}{\dfrac{1}{n}x\left[\sqrt[n]{(1+x)^{n-1}}+\sqrt[n]{(1+x)^{n-2}}+\cdots+1\right]}$$

$$=\lim_{x\to 0}\dfrac{n}{\sqrt[n]{(1+x)^{n-1}}+\sqrt[n]{(1+x)^{n-2}}+\cdots+1}=1,$$

所以 $\sqrt[n]{1+x}-1\sim\dfrac{1}{n}x$.

关于等价无穷小有下面的定理.

定理 1 设 $\alpha\sim\alpha'$，$\beta\sim\beta'$，$\alpha\ne 0$，且 $\lim\dfrac{\beta'}{\alpha'}$ 存在，则

$$\lim\dfrac{\beta}{\alpha}=\lim\dfrac{\beta'}{\alpha'}.$$

证明 $\lim\dfrac{\beta}{\alpha}=\lim\left(\dfrac{\beta}{\beta'}\cdot\dfrac{\beta'}{\alpha'}\cdot\dfrac{\alpha'}{\alpha}\right)=\lim\dfrac{\beta}{\beta'}\cdot\lim\dfrac{\beta'}{\alpha'}\cdot\lim\dfrac{\alpha'}{\alpha}=1\cdot\lim\dfrac{\beta'}{\alpha'}\cdot 1=\lim\dfrac{\beta'}{\alpha'}.$

定理1表明，求两个无穷小之比的极限时，分子、分母都可用等价无穷小来代替，这样可以简化极限的计算.

例3 求 $\lim\limits_{x\to 0}\dfrac{\tan\alpha x}{\tan\beta x}$ (α,β 为非零常数).

解 当 $x\to 0$ 时，$\tan\alpha x \sim \alpha x$，$\tan\beta x \sim \beta x$，所以

$$\lim_{x\to 0}\frac{\tan\alpha x}{\tan\beta x}=\lim_{x\to 0}\frac{\alpha x}{\beta x}=\frac{\alpha}{\beta}.$$

例4 求 $\lim\limits_{x\to 0}\dfrac{\sin x}{x^3+3x}$.

解 当 $x\to 0$ 时，$\sin x \sim x$，而无穷小 x^3+3x 与它自身是等价的，所以

$$\lim_{x\to 0}\frac{\sin x}{x^3+3x}=\lim_{x\to 0}\frac{x}{x^3+3x}=\lim_{x\to 0}\frac{1}{x^2+3}=\frac{1}{3}.$$

例5 求 $\lim\limits_{x\to 0}\dfrac{\sqrt[3]{1+x^2}-1}{\cos x-1}$.

解 当 $x\to 0$ 时，$\sqrt[3]{1+x^2}-1 \sim \dfrac{1}{3}x^2$，$\cos x-1 \sim -\dfrac{1}{2}x^2$，所以

$$\lim_{x\to 0}\frac{\sqrt[3]{1+x^2}-1}{\cos x-1}=\lim_{x\to 0}\frac{\dfrac{1}{3}x^2}{-\dfrac{1}{2}x^2}=-\frac{2}{3}.$$

习题 1-7

1. 利用等价无穷小的性质，求下列极限.

(1) $\lim\limits_{x\to 0}\dfrac{\arcsin 2x}{5x}$；

(2) $\lim\limits_{x\to 0}\dfrac{\sin(x^n)}{(\sin x)^m}$ (m,n 为正整数)；

(3) $\lim\limits_{x\to 0}\dfrac{\tan x-\sin x}{\sin^3 x}$；

(4) $\lim\limits_{x\to 0}\dfrac{\sin x-\tan x}{(\sqrt[3]{1+x}-1)(\sqrt{1+\sin x}-1)}$.

2. 证明：当 $x\to 0$ 时，$\sec x-1 \sim \dfrac{1}{2}x^2$.

第八节　函数的连续性

一、函数的连续性

自然界中的许多现象都是连续变化的，如气温、河水流动、植物生长，这种现象在函数关系上的反映，就是函数的连续性. 它们有着共同的特征，即当时间变动很小时，气温的变化、河水的流动、植物的生长都是很微小的. 下面我们由函数增量的概念引出函数的连续性定义.

设变量 u 从它的一个初始值 u_1 变到终值 u_2，终值与初值的差 $u_2 - u_1$ 叫作变量 u 的增量，记为 Δu，即

$$\Delta u = u_2 - u_1.$$

注意：(1) 增量 Δu 可以是正的，也可以是负的.

(2) 记号 Δu 是一个整体，并不表示某个量 Δ 与变量 u 的乘积.

现假定函数 $y = f(x)$ 在点 x_0 的某个邻域内有定义，当自变量在这个邻域内从 x_0 变到 $x_0 + \Delta x$ 时，函数值 y 相应地从 $f(x_0)$ 变到 $f(x_0 + \Delta x)$，因此 y 的对应增量为

$$\Delta y = f(x_0 + \Delta x) - f(x_0),$$

其几何解释如图 1.14 所示.

如果 x_0 不变而让自变量的增量 Δx 变动，函数 y 的增量 Δy 也随着变动. 现在对函数的连续性概念做这样的描述：如果当 Δx 趋于零时，函数 y 的增量 Δy 也趋于零，即

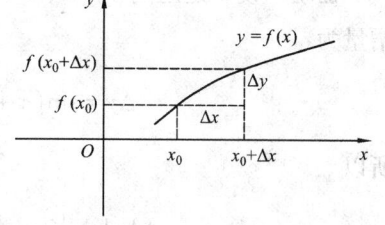

图 1.14

$$\lim_{\Delta x \to 0} \Delta y = 0 \quad \text{或} \quad \lim_{\Delta x \to 0} [f(x_0 + \Delta x) - f(x_0)] = 0,$$

那么函数 $y = f(x)$ 在点 x_0 处是连续的. 因此有如下的定义.

定义 1 设函数 $y = f(x)$ 在点 x_0 处的某一邻域内有定义，如果

$$\lim_{\Delta x \to 0} \Delta y = \lim_{\Delta x \to 0} [f(x_0 + \Delta x) - f(x_0)] = 0,$$

则称函数 $y = f(x)$ 在点 x_0 连续.

为了应用上的方便，我们把函数 $y = f(x)$ 在点 x_0 连续的定义用下面的方式表述，即令 $\Delta x = x - x_0$，则 $\Delta x \to 0$ 时，$x \to x_0$，所以

$$\Delta y = f(x_0 + \Delta x) - f(x_0) = f(x) - f(x_0).$$

由函数在 x_0 连续的定义，有 $\lim_{x \to x_0} f(x) = f(x_0)$，因此函数在 x_0 连续也可用下述方式叙述：

函数 $y = f(x)$ 在点 x_0 的某个邻域内有定义，如果 $\lim_{x \to x_0} f(x) = f(x_0)$，则称函数 $f(x)$ 在点 x_0 连续.

用"$\varepsilon - \delta$"语言表述如下：

$f(x)$ 在点 x_0 连续 $\Leftrightarrow \forall \varepsilon > 0, \exists \delta > 0$，当 $|x - x_0| < \delta$ 时，有 $|f(x) - f(x_0)| < \varepsilon$.

下面介绍左、右连续的概念.

如果 $\lim_{x \to x_0^-} f(x) = f(x_0^-)$ 存在，且等于 $f(x_0)$，即 $f(x_0^-) = f(x_0)$，则称函数 $f(x)$ 在点 x_0 左连续.

如果 $\lim_{x \to x_0^+} f(x) = f(x_0^+)$ 存在，且等于 $f(x_0)$，即 $f(x_0^+) = f(x_0)$，则称函数 $f(x)$ 在点 x_0 右连续.

如果函数在区间上每一点都连续，则称函数为该区间上的连续函数，或者说函数在区间上连续.

如果区间包括端点，那么函数在右端点连续指的是左连续，在左端点连续指的是右

连续.

连续函数的图象是一条连续而不间断的曲线.

如果 $f(x)$ 是有理整函数(多项式),则对于任意的实数 x_0,都有 $\lim\limits_{x \to x_0} f(x) = f(x_0)$,因此有理整函数在区间 $(-\infty, +\infty)$ 内连续.

对于有理分式函数 $F(x) = \dfrac{P(x)}{Q(x)}$,只要 $Q(x_0) \neq 0$ 就有 $\lim\limits_{x \to x_0} F(x) = F(x_0)$,因此有理分式函数在定义域内每一点一定连续.

例1 证明:函数 $f(x) = \sin x$ 在区间 $(-\infty, +\infty)$ 内是连续的.

证明 设 x 是区间 $(-\infty, +\infty)$ 内任意取定的一点,则当 x 有增量 Δx 时,对应函数的增量为

$$\Delta y = \sin(x + \Delta x) - \sin x = 2\sin\dfrac{\Delta x}{2}\cos\left(x + \dfrac{\Delta x}{2}\right),$$

所以

$$|\Delta y| = \left|2\sin\dfrac{\Delta x}{2}\cos\left(x + \dfrac{\Delta x}{2}\right)\right| \leqslant 2\left|\sin\dfrac{\Delta x}{2}\right| < |\Delta x|.$$

因此由 $\Delta x \to 0$ 可得 $\Delta y \to 0$,所以函数 $y = \sin x$ 在 $(-\infty, +\infty)$ 内连续.

二、函数的间断点

设函数 $f(x)$ 在点 x_0 的某邻域内有定义,如果 $f(x)$ 有下列三种情形之一:

(1) 在 $x = x_0$ 没有定义;

(2) 虽然在 $x = x_0$ 处有定义,但 $\lim\limits_{x \to x_0} f(x)$ 不存在;

(3) 虽然在 $x = x_0$ 处有定义,且 $\lim\limits_{x \to x_0} f(x)$ 存在,但 $\lim\limits_{x \to x_0} f(x) \neq f(x_0)$,

则称函数 $f(x)$ 在点 x_0 处不连续,x_0 称为函数 $f(x)$ 的不连续点或间断点.

例2 正切函数 $y = \tan x$ 在点 $x = \dfrac{\pi}{2}$ 处没有定义,所以点 $x = \dfrac{\pi}{2}$ 是函数的间断点.实际上

$$\lim_{x \to \frac{\pi}{2}} \tan x = \infty,$$

则称 $x = \dfrac{\pi}{2}$ 为函数 $\tan x$ 的无穷间断点(见图 1.15).

例3 函数 $y = \sin\dfrac{1}{x}$ 在点 $x = 0$ 没有定义,但当 $x \to 0$ 时,函数值在 -1 与 $+1$ 之间变动无限次(见图 1.16),所以 $x = 0$ 称为函数 $\sin\dfrac{1}{x}$ 的震荡间断点.

例4 函数 $y = \dfrac{x^2 - 1}{x - 1}$ 在点 $x = 1$ 处没有定义,所以点 $x = 1$ 为函数的不连续点(见图 1.17).但

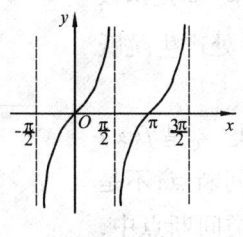
图 1.15

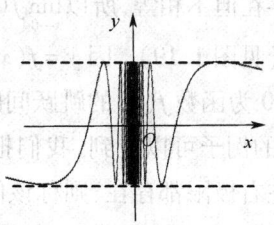
图 1.16

$$\lim_{x \to 1} \frac{x^2-1}{x-1} = \lim_{x \to 1}(x+1) = 2.$$

如果补充定义:当 $x=1$ 时,$y=2$,则所给函数在点 $x=1$ 处连续. 因此 $x=1$ 称为函数 $y=\dfrac{x^2-1}{x-1}$ 的可去间断点.

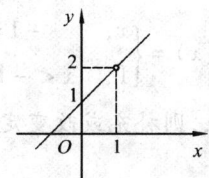
图 1.17

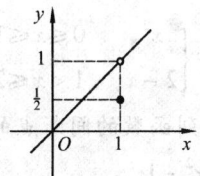
图 1.18

例 5 函数
$$y = f(x) = \begin{cases} x, & x \neq 1, \\ \dfrac{1}{2}, & x = 1, \end{cases}$$

这里 $\lim\limits_{x \to 1} f(x) = \lim\limits_{x \to 1} x = 1$,但 $f(1) = \dfrac{1}{2}$,所以

$$\lim_{x \to 1} f(x) \neq f(1).$$

因此 $x=1$ 是函数 $f(x)$ 的间断点(见图 1.18). 但如果改变函数 $f(x)$ 在 $x=1$ 处的定义,令 $f(1)=1$,则 $f(x)$ 在 $x=1$ 连续,所以 $x=1$ 也称为该函数的可去间断点.

例 6 函数
$$f(x) = \begin{cases} x-1, & x < 0, \\ 0, & x = 0, \\ x+1, & x > 0. \end{cases}$$

在 $x \to 0$ 时,
$$\lim_{x \to 0^-} f(x) = \lim_{x \to 0^-}(x-1) = -1,$$
$$\lim_{x \to 0^+} f(x) = \lim_{x \to 0^+}(x+1) = 1,$$

即左、右极限存在但不相等,所以 $\lim\limits_{x\to 0}f(x)$ 不存在. 因此 $x=0$ 是函数 $f(x)$ 的间断点(见图 1.19). 因 $y=f(x)$ 的图象在 $x=0$ 处产生跳跃现象,则称 $x=0$ 为函数 $f(x)$ 的跳跃间断点.

通过前面的例子可以看到,我们把间断点分为两类:x_0 是 $f(x)$ 的间断点,但左右极限都存在,则称该间断点为第一类间断点;不是第一类间断点的任何间断点称为第二类间断点. 第一类间断点中,左、右极限相等者称为可去间断点,不相等者称为跳跃间断点. 无穷间断点和震荡间断点称为第二类间断点.

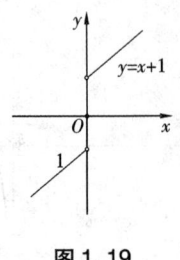

图 1.19

习题 1-8

1. 研究下列函数的连续性.

   (1) $f(x)=\begin{cases} x^2, & 0\leqslant x\leqslant 1, \\ 2-x, & 1<x\leqslant 2; \end{cases}$

   (2) $f(x)=\begin{cases} x, & -1\leqslant x\leqslant 1, \\ 1, & x<-1 \text{ 或 } x>1. \end{cases}$

2. 指出下列函数的间断点的类型. 如果是可去间断点,则补充或改变定义使其连续.

   (1) $y=\dfrac{x^2-1}{x^2-3x+2}$;

   (2) $y=\dfrac{x}{\tan x}$;

   (3) $y=\begin{cases} x^2-1, & x\geqslant 0, \\ 1-x, & x<0. \end{cases}$

3. 讨论函数 $f(x)=\lim\limits_{n\to\infty}\dfrac{1-x^{2n}}{1+x^{2n}}$ 的连续性. 若有间断点,判别其类型.

第九节 连续函数的运算与初等函数的连续性

一、连续函数的和、差、积、商的连续性

定理 1 假设函数 $f(x)$ 和 $g(x)$ 在点 x_0 连续,则它的和差 $f(x)\pm g(x)$,积 $f(x)g(x)$,商 $\dfrac{f(x)}{g(x)}$ (当 $g(x_0)\neq 0$)都在点 x_0 连续.

二、反函数与复合函数的连续性

定理 2 如果函数 $y=f(x)$ 在区间 I_x 上单调增加(或单调减少)且连续,那么它的反函数 $x=f^{-1}(y)$ 在对应区间 $I_y=\{y|y=f(x),x\in I_x\}$ 上单调增加(或单调减少)且连续.

证明从略.

可以证明，$y=\sin x$ 在 $\left[-\dfrac{\pi}{2},\dfrac{\pi}{2}\right]$ 上单调增加且连续，所以它的反函数 $y=\arcsin x$ 在 $[-1,1]$ 上也是单调增加且连续的. 另外，反三角函数 $y=\arccos x$, $y=\arctan x$, $y=\operatorname{arccot} x$ 在它们的定义域内都是连续的.

定理 3 假设函数 $y=f[g(x)]$ 由函数 $y=f(u)$ 与 $u=g(x)$ 复合而成，$U^{\circ}(x_0)\subseteq D_{f\cdot g}$. 若 $\lim\limits_{x\to x_0} g(x)=u_0$，而函数 $y=f(u)$ 在 $u=u_0$ 连续，则

$$\lim_{x\to x_0} f[g(x)] = \lim_{u\to u_0} f(u) = f(u_0).$$

证明参见第五节定理 5.

说明：(1) 上式可表示为 $\lim\limits_{x\to x_0} f[g(x)] = f[\lim\limits_{x\to x_0} g(x)]$，即求复合函数 $f[g(x)]$ 的极限时，函数符号 f 与极限符号 $\lim\limits_{x\to x_0}$ 可以换序.

(2) 定理 3 中的 $x\to x_0$ 换为 $x\to\infty$ 可得类似的定理.

例 1 求 $\lim\limits_{x\to 3}\sqrt{\dfrac{x-3}{x^2-9}}$.

解 $\lim\limits_{x\to 3}\sqrt{\dfrac{x-3}{x^2-9}} = \sqrt{\lim\limits_{x\to 3}\dfrac{x-3}{(x-3)(x+3)}} = \sqrt{\dfrac{1}{6}} = \dfrac{\sqrt{6}}{6}$.

定理 4 函数 $y=f[g(x)]$ 由函数 $y=f(u)$ 与函数 $u=g(x)$ 复合而成，$U^{\circ}(x_0)\subseteq D_{f\cdot g}$. 若函数 $u=g(x)$ 在 $x=x_0$ 连续，且 $g(x_0)=u_0$，而函数 $y=f(u)$ 在 $u=u_0$ 连续，则复合函数 $y=f[g(x)]$ 在 $x=x_0$ 也连续.

证明 只要在定理 3 中令 $u_0=g(x_0)$ 就表示 $g(x)$ 在点 x_0 也连续，于是

$$\lim_{x\to x_0} f[g(x)] = f(u_0) = f[g(x_0)],$$

即 $f[g(x)]$ 在 x_0 处连续.

例 2 讨论函数 $y=\sin\dfrac{1}{x}$ 的连续性.

解 因为函数 $y=\sin\dfrac{1}{x}$ 由 $y=\sin u$ 及 $u=\dfrac{1}{x}$ 复合而成. 当 $-\infty<u<+\infty$ 时 $\sin u$ 连续，当 $-\infty<x<0$ 和 $0<x<+\infty$ 时 $\dfrac{1}{x}$ 连续，根据定理 4，函数 $y=\sin\dfrac{1}{x}$ 在区间 $(-\infty,0)$ 和 $(0,+\infty)$ 内连续.

三、初等函数的连续性

前面我们已证明了三角函数及反三角函数在定义域内是连续的.

在中学已得出指数函数 $y=a^x$（$a>0$ 且 $a\neq 1$）对于一切实数 x 都有定义，且在 $(-\infty,+\infty)$ 内单调连续.

由指数函数的单调及连续性可得，对数函数 $y=\log_a x$（$a>0$ 且 $a\neq 0$）在 $(0,+\infty)$ 内单调连续.

幂函数 $y=x^\mu$ 的定义域随 μ 的值而定，但无论 μ 为何值，函数在 $(0,+\infty)$ 内总有定义.

根据复合函数的连续性,可以证明 $y = a^{\mu \log_a x}$ 在 $(0, +\infty)$ 内连续,即幂函数在定义域内是连续的.

综上可得,基本初等函数在它们的定义域内都是连续的. 根据初等函数的定义及前面的论述可知:一切初等函数在定义域内都是连续的.

根据连续函数的定义,如果 $f(x)$ 在点 x_0 连续,那么求 $f(x)$ 在 $x \to x_0$ 的极限时,只需求出其函数值就行了,即当 x_0 在初等函数 $f(x)$ 的定义域内时,
$$\lim_{x \to x_0} f(x) = f(x_0).$$

例 3 求 $\lim\limits_{x \to 0} \dfrac{\sqrt{1+x^2}-1}{x}$.

解 $\lim\limits_{x \to 0} \dfrac{\sqrt{1+x^2}-1}{x} = \lim\limits_{x \to 0} \dfrac{x^2}{(\sqrt{1+x^2}+1)x} = \lim\limits_{x \to 0} \dfrac{x}{\sqrt{1+x^2}+1} = \dfrac{0}{2} = 0.$

例 4 求 $\lim\limits_{x \to 0} \dfrac{\ln(1+x)}{x}$.

解 $\lim\limits_{x \to 0} \dfrac{\ln(1+x)}{x} = \lim\limits_{x \to 0} \ln(1+x)^{\frac{1}{x}} = \ln e = 1.$

例 5 求 $\lim\limits_{x \to 0} \dfrac{a^x - 1}{x}$ ($a > 0$ 且 $a \ne 1$).

解 令 $a^x - 1 = t$,则 $x = \log_a(1+t)$,且当 $x \to 0, t \to 0$,于是
$$\lim_{x \to 0} \frac{a^x - 1}{x} = \lim_{t \to 0} \frac{t}{\log_a(1+t)} = \lim_{t \to 0} \frac{1}{\log_a(1+t)^{\frac{1}{t}}} = \ln a.$$

例 6 求 $\lim\limits_{x \to 0}(1+2x)^{\frac{3}{\sin x}}$.

解 $\lim\limits_{x \to 0}(1+2x)^{\frac{3}{\sin x}} = \lim\limits_{x \to 0} e^{\frac{3}{\sin x} \ln(1+2x)} = \lim\limits_{x \to 0} e^{6 \cdot \frac{x}{\sin x} \ln(1+2x)^{\frac{1}{2x}}} = e^6.$

一般地,形如 $u(x)^{v(x)}$ ($u(x) > 0$ 且 $u(x) \ne 1$) 的函数,既不是指数函数也不是幂函数(通常称为幂指函数),如果
$$\lim u(x) = a > 0, \quad \lim v(x) = b,$$
那么
$$\lim u(x)^{v(x)} = a^b.$$
这里的 lim 表示在同一极限过程中的极限.

习题 1-9

1. 求函数 $f(x) = \dfrac{x^3 + 3x^2 - x - 3}{x^2 + x - 6}$ 的连续区间,并求极限

(1) $\lim\limits_{x \to 0} f(x)$; (2) $\lim\limits_{x \to 2} f(x)$;

(3) $\lim\limits_{x \to -3} f(x)$.

2. 求下列极限.

(1) $\lim\limits_{x \to 0} \sqrt{x^2 - 2x + 5}$; (2) $\lim\limits_{\alpha \to \frac{\pi}{4}} (\sin 2\alpha)^3$;

(3) $\lim\limits_{x\to 0}\dfrac{\sqrt{x+1}-1}{x}$;

(4) $\lim\limits_{x\to a}\dfrac{\sin x - \sin a}{x-a}$.

3. 求下列极限.

(1) $\lim\limits_{x\to 0}\ln\dfrac{\sin x}{x}$;

(2) $\lim\limits_{x\to 0}\left(1+\dfrac{1}{x}\right)^{\frac{x}{2}}$;

(3) $\lim\limits_{x\to 0}(1+3\tan^2 x)^{\cot^2 x}$;

(4) $\lim\limits_{x\to\infty}\left(\dfrac{3+x}{6+x}\right)^{\frac{x-1}{2}}$.

4. 设
$$f(x)=\begin{cases} e^x, & x<0, \\ a+x, & x\geqslant 0, \end{cases}$$
应该怎样选择 a,使得 $f(x)$ 成为 $(-\infty,+\infty)$ 内的连续函数.

第十节 闭区间上连续函数的性质

所谓函数在闭区间 $[a,b]$ 上连续,指的是函数 $f(x)$ 在 (a,b) 内连续,且在右端点 b 左连续,在左端点 a 右连续. 那么闭区间上的连续函数有什么重要性质呢? 现以定理的形式给出.

一、有界性与最大值最小值定理

定理1(有界性与最大值最小值定理) 闭区间上的连续函数在该区间上有界,且一定取得最大值和最小值.

也就是说,如果函数 $f(x)$ 在闭区间 $[a,b]$ 上连续,那么存在常数 $M>0$,使得对任意 $x\in[a,b]$,满足 $|f(x)|\leqslant M$;且至少有一点 ξ_1,使 $f(\xi_1)$ 是 $f(x)$ 在 $[a,b]$ 上的最大值,又至少有一点 ξ_2,使 $f(\xi_2)$ 是 $f(x)$ 在 $[a,b]$ 上的最小值(见图1.20).

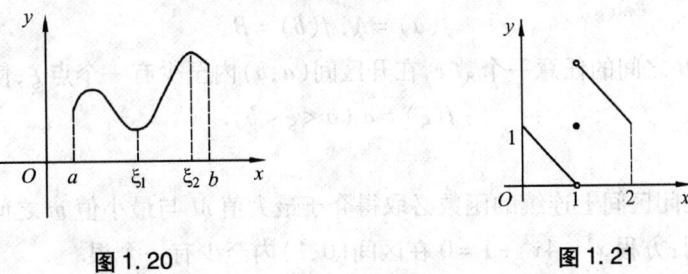

图 1.20　　　　　　　图 1.21

注意:函数在开区间内连续,或函数在闭区间上有间断点,那么函数在该区间上不一定有界,也不一定有最大值或最小值. 例如,$y=\tan x$ 在开区间 $\left(-\dfrac{\pi}{2},\dfrac{\pi}{2}\right)$ 是连续的,但它在开区间 $\left(-\dfrac{\pi}{2},\dfrac{\pi}{2}\right)$ 内无界,且无最大值和最小值;又如函数

$$y = f(x) = \begin{cases} -x+1, & 0 \leq x < 1, \\ 1, & x = 1, \\ -x+3, & 1 < x \leq 2, \end{cases}$$

在闭区间 $[0,2]$ 上有间断点 $x=1$,虽然函数 $f(x)$ 在 $[0,2]$ 上有界,但既无最大值也无最小值(见图 1.21).

二、零点定理与介值定理

所谓函数 $f(x)$ 的零点,指的是对于 $f(x)$ 的定义域内的一点 x_0,有 $f(x_0) = 0$.

定理 2(零点定理) 设函数 $f(x)$ 在闭区间 $[a,b]$ 上连续,且 $f(a)$ 与 $f(b)$ 异号,即 $f(a)f(b) < 0$,那么在开区间 (a,b) 内至少有一点 ξ,使
$$f(\xi) = 0.$$

证明从略.

定理 2 表明,如果连续曲线 $y = f(x)$ 的两端点位于 x 轴的两侧,那么这段曲线与 x 轴至少有一个交点(见图 1.22).

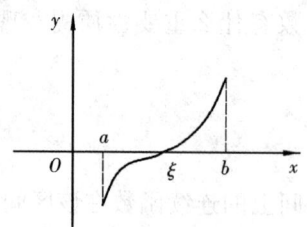

图 1.22

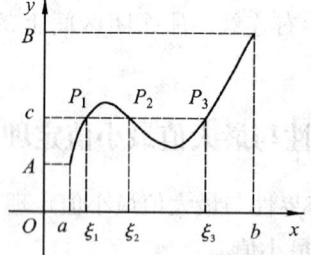

图 1.23

定理 3(介值定理) 如图 1.23 所示,设函数 $f(x)$ 在闭区间 $[a,b]$ 上连续,且在该区间的端点取不同的函数值
$$f(a) = A, f(b) = B.$$
那么对于 A 与 B 之间的任意一个数 c,在开区间 (a,b) 内至少有一个点 ξ,使得
$$f(\xi) = c \ (a < \xi < b).$$

证明从略.

推论 1 在闭区间上连续的函数必取得介于最大值 M 与最小值 m 之间的任何值.

例 1 证明:方程 $x^3 - 4x^2 + 1 = 0$ 在区间 $(0,1)$ 内至少有一个根.

证明 因为函数 $f(x) = x^3 - 4x^2 + 1$ 在闭区间 $[0,1]$ 上连续,又
$$f(0) = 1 > 0, f(1) = -2 < 0.$$
根据零点定理,在 $(0,1)$ 内至少存在一点 ξ,使得
$$f(\xi) = 0,$$
即
$$\xi^3 - 4\xi^2 + 1 = 0 \ (0 < \xi < 1).$$
这就证明了方程 $x^3 - 4x^2 + 1 = 0$ 在区间 $(0,1)$ 内至少存在一个根 ξ.

习题 1-10

1. 证明:方程 $x = a\sin x + b$,其中 $a>0, b>0$,至少有一个正根,并且它不超过 $a+b$.

2. 如果 $f(x)$ 在 $[a,b]$ 上连续,且 $a<x_1<x_2<\cdots<x_n<b$,则在 $[x_1,x_n]$ 上必有 ξ,使 $f(\xi) = \dfrac{f(x_1) + f(x_2) + \cdots + f(x_n)}{n}$.

3. 设 $f(x)$ 在 $[a,b]$ 上连续,且 $a<c<d<b$,试证明:对任意正数 p 和 q,至少有一点 $\xi \in [c,d]$,使 $pf(c) + qf(d) = (p+q)f(\xi)$.

第二章 导数与微分

第一节 导数概念

微积分学分为微分学与积分学,本章将介绍一元微分学.

导数的思想是在解决极大、极小的问题中引入的. 作为微分学最基本的概念——求函数的变化率:导数,其应用领域非常广泛,在瞬时速度、电流、化学反应的速度、生物的繁殖率等概念中均有涉及. 下面将从两个不同的角度提出导数的概念.

一、引例

1. 变速直线运动的瞬时速度

设自由落体的运动方程为

$$s = \frac{1}{2}gt^2, \quad t \in [0, T]$$

求落体在时刻 t_0($t_0 \in [0,T]$)的瞬时速度 v_0.

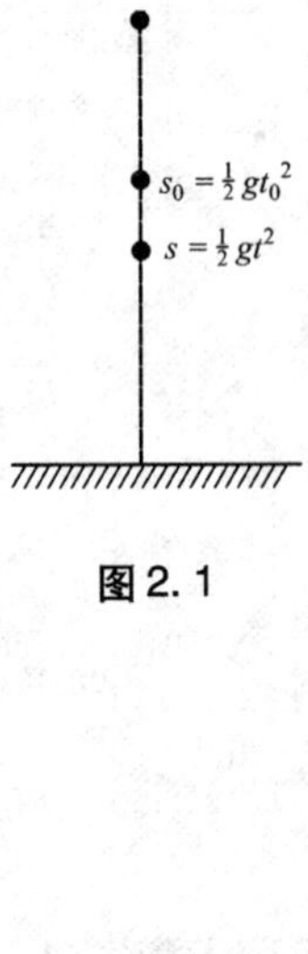

取接近于 t_0 的时刻 t(见图 2.1),则在 t_0 到 t 这一段时间的平均速度为

$$\bar{v} = \frac{s - s_0}{t - t_0} = \frac{\frac{1}{2}gt^2 - \frac{1}{2}gt_0^2}{t - t_0} = \frac{g}{2}(t + t_0),$$

它近似地等于落体在时刻 t_0 的速度 v_0,而且当 t 越接近 t_0,它的值越接近 v_0. 所以当 $t \to t_0$ 时,$\bar{v}$ 的极限就是 v_0,即

图 2.1

$$v_0 = \lim_{t \to t_0} \frac{s - s_0}{t - t_0} = \lim_{t \to t_0} \frac{g}{2}(t + t_0) = gt_0.$$

对于一般的变速直线运动,设其运动方程为

$$s = \varphi(t).$$

按照同样的方法,可以得到它在时刻 t_0 的速度 v_0

$$v_0 = \lim_{t \to t_0} \frac{\varphi(t) - \varphi(t_0)}{t - t_0}. \tag{2-1}$$

2. 曲线的切线问题

设曲线 $C: y = f(x)$,点 $M(x_0, y_0)$ 为 C 上的一点,求 C 上过点 M 的切线 MT 的斜率.

所谓切线是指:在点 M 附近取曲线上另一点 $N(x,y)$,作割线 MN,当 N 沿曲线趋于 M 时,割线 MN 的极限位置 MT 即为曲线在点 M 处的切线(见图2.2). 于是先求割线的斜率:

$$k_{MN} = \tan\varphi = \frac{y-y_0}{x-x_0} = \frac{f(x)-f(x_0)}{x-x_0},$$

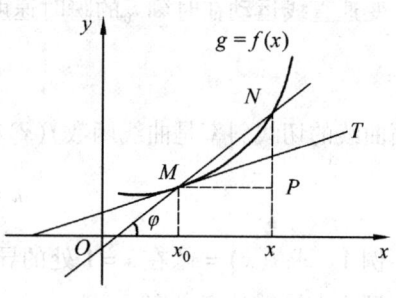

图 2.2

其中 φ 为 MN 与 Ox 轴的夹角. 当点 N 沿曲线 C 无限接近点 M 时,$x \to x_0$,割线 MN 逐渐接近于切线 MT. 若上述极限存在,记为 k,即

$$k = \lim_{x \to x_0} \frac{f(x)-f(x_0)}{x-x_0} \qquad (2-2)$$

则这个极限 k 就是曲线在点 M 处的切线斜率. 如果该极限不存在,则认为曲线在点 M 处的切线不存在.

上述两例,一个是物理学中的瞬时速度,一个是几何中的切线斜率问题,两者的实际意义不同,但是式(2-1)和式(2-2)却有完全相同的的数学结构形式,而且由此可抽象出导数的概念.

二、导数的定义

1. 函数 $y = f(x)$ 在点 x_0 处的导数

定义 1 设函数 $y = f(x)$ 在 $U(x_0, \delta)$ 内有定义,若极限

$$\lim_{x \to x_0} \frac{f(x)-f(x_0)}{x-x_0} \qquad (2-3)$$

存在,则称函数 $f(x)$ 在点 x_0 可导. 该极限为函数 $f(x)$ 在点 x_0 的导数,记为

$$f'(x_0),\ y'\bigg|_{x=x_0},\ \frac{\mathrm{d}y}{\mathrm{d}x}\bigg|_{x=x_0} \ \text{或}\ \frac{\mathrm{d}f(x)}{\mathrm{d}x}\bigg|_{x=x_0}.$$

若令 $x = x_0 + \Delta x$,$\Delta y = f(x_0 + \Delta x) - f(x)$,则有

$$f'(x_0) = \lim_{\Delta x \to 0} \frac{\Delta y}{\Delta x} = \lim_{\Delta x \to 0} \frac{f(x_0 + \Delta x) - f(x_0)}{\Delta x}. \qquad (2-4)$$

所以导数是函数的两个增量 Δy、Δx 之商 $\frac{\Delta y}{\Delta x}$ 的极限. 若式(2-3)或(2-4)的极限不存在,则称函数 $y = f(x)$ 在点 x_0 处不可导.

函数增量与自变量增量之比 $\frac{\Delta y}{\Delta x}$ 是函数 y 在以 x_0 及 $x_0 + \Delta x$ 为端点的区间上的平均变化率;导数 $f'(x_0)$ 是函数 $y = f(x)$ 在点 x_0 处的变化率,即瞬时变化率,它反映了函数 $y = f(x)$ 在点 x_0 处变化的快慢程度.

有了导数这个概念,上面两个引例中的问题可以重述为:

变速直线运动在时刻 t_0 的瞬时速度就是运动函数 $s = s(t)$ 在时刻 t_0 的导数 $s'(t_0)$，即

$$v(t_0) = \left.\frac{ds}{dt}\right|_{t=t_0}.$$

平面曲线的切线斜率是曲线函数 $f(x)$ 在点 x_0 的导数 $f'(x_0)$，即

$$k = \tan\alpha = \left.\frac{dy}{dx}\right|_{x=x_0}.$$

例1 求 $f(x) = x^3$ 在 $x = 1$ 处的导数.

解 由导数的定义有

$$f'(1) = \lim_{\Delta x \to 0} \frac{f(1+\Delta x) - f(1)}{\Delta x} = \lim_{\Delta x \to 0} \frac{(1+\Delta x)^3 - 1^3}{\Delta x}$$

$$= \lim_{\Delta x \to 0} \frac{1 + 3\Delta x + 3(\Delta x)^2 + (\Delta x)^3 - 1}{\Delta x} = 3.$$

2. 单侧导数

导数为增量商的极限，若只考虑增量商的单侧极限，便产生单侧导数的概念.

定义2 若极限

$$\lim_{\Delta x \to 0^-} \frac{f(x_0 + \Delta x) - f(x_0)}{\Delta x} \quad \text{及} \quad \lim_{\Delta x \to 0^+} \frac{f(x_0 + \Delta x) - f(x_0)}{\Delta x}$$

存在，则这两个极限分别称为 $f(x)$ 在 x_0 点的左导数和右导数，记为

$$f'(x_0 - 0) = f'_-(x_0) = \lim_{\Delta x \to 0^-} \frac{f(x_0 + \Delta x) - f(x_0)}{\Delta x},$$

$$f'(x_0 + 0) = f'_+(x_0) = \lim_{\Delta x \to 0^+} \frac{f(x_0 + \Delta x) - f(x_0)}{\Delta x}.$$

由极限存在的充分必要条件为左、右极限存在且相等，容易得到以下定理：

定理1 函数 $y = f(x)$ 在点 x_0 处可导的充分必要条件是 $y = f(x)$ 在点 x_0 处的左、右导数存在且相等，即

$$f'(x_0)存在 \Leftrightarrow f'(x_0 - 0) = f'(x_0 + 0).$$

例2 已知 $f(x) = \begin{cases} x^2, & x < 0, \\ xe^x, & x \geq 0, \end{cases}$

试求 $f'_-(0), f'_+(0)$.

解 $f'_-(0) = \lim_{\Delta x \to 0^-} \frac{f(0+\Delta x) - f(0)}{\Delta x} = \lim_{\Delta x \to 0^-} \frac{(\Delta x)^2 - 0}{\Delta x} = \lim_{\Delta x \to 0^-} \Delta x = 0.$

$f'_+(0) = \lim_{\Delta x \to 0^+} \frac{f(0+\Delta x) - f(0)}{\Delta x} = \lim_{\Delta x \to 0^+} \frac{\Delta x e^{\Delta x} - 0}{\Delta x} = \lim_{\Delta x \to 0^+} e^{\Delta x} = 1.$

3. 函数 $y = f(x)$ 在区间内的导数

定义3 若函数 $y = f(x)$ 在区间 I 内的每一点 x 处都可导（对于区间端点，只需存在左导数或右导数），则称 $y = f(x)$ 在区间 I 内可导. 函数 $y = f(x)$ 在区间 I 内的任一点 x 处的导

数记作 $f'(x)$,即

$$f'(x) = \lim_{\Delta x \to 0} \frac{\Delta y}{\Delta x} = \lim_{\Delta x \to 0} \frac{f(x+\Delta x)-f(x)}{\Delta x},$$

也可记为

$$y', \frac{dy}{dx}, \frac{df(x)}{dx}.$$

注意:(1)函数 $y=f(x)$ 在区间 I 内的导数 $f'(x)$ 实际上是一个关于 x 的导数函数,简称为导数.

(2) $f'(x_0)$ 可看作 $f'(x)$ 在点 x_0 处的函数值.

三、求导数举例

例3 求函数 $f(x)=C$ (C 为常数)的导数.

解 $f'(x) = \lim_{h \to 0} \frac{f(x+h)-f(x)}{h} = \lim_{h \to 0} \frac{C-C}{h} = 0,$

即
$$(C)' = 0.$$

这就是说,常数的导数等于零.

例4 求函数 $f(x)=x^n$ ($n \in \mathbf{N}^+$) 在 $x=a$ 处的导数.

解 $f'(a) = \lim_{x \to a} \frac{f(x)-f(a)}{x-a} = \lim_{x \to a} \frac{x^n - a^n}{x-a}$

$= \lim_{x \to a}(x^{n-1} + ax^{n-2} + \cdots + a^{n-1}) = na^{n-1}.$

把以上结果中的 a 换成 x,得 $f'(x) = nx^{n-1}$,即

$$(x^n)' = nx^{n-1}.$$

更一般地,对于幂函数 $y = x^\mu$ (μ 为常数),即

$$(x^\mu)' = \mu x^{\mu-1}.$$

利用这个公式,可以很方便地求出幂函数的导数. 例如,$y = \sqrt{x} = x^{\frac{1}{2}}$ ($x > 0$)的导数为

$$(x^{\frac{1}{2}})' = \frac{1}{2}x^{\frac{1}{2}-1} = \frac{1}{2}x^{-\frac{1}{2}},$$

即
$$(\sqrt{x})' = \frac{1}{2\sqrt{x}}.$$

例5 求函数 $f(x) = \sin x$ 的导数.

解 $f'(x) = \lim_{h \to 0} \frac{f(x+h)-f(x)}{h} = \lim_{h \to 0} \frac{\sin(x+h) - \sin(x)}{h}$

$= \lim_{h \to 0} \frac{1}{h} \cdot 2\cos\left(x+\frac{h}{2}\right)\sin\frac{h}{2} = \lim_{h \to 0} \cos\left(x+\frac{h}{2}\right) \cdot \frac{\sin\frac{h}{2}}{\frac{h}{2}} = \cos x,$

即
$$(\sin x)' = \cos x.$$

用类似的方法,可求得

$$(\cos x)' = -\sin x.$$

例6 求 $y = \log_a x\ (a > 0, a \neq 1)$ 的导数.

解 $y' = \lim\limits_{h \to 0} \dfrac{\log_a(x+h) - \log_a(x)}{h} = \lim\limits_{h \to 0} \dfrac{1}{h} \log_a \dfrac{x+h}{x} = \lim\limits_{h \to 0} \dfrac{1}{h} \log_a\left(1 + \dfrac{h}{x}\right)$

$= \lim\limits_{h \to 0} \log_a\left(1 + \dfrac{h}{x}\right)^{\frac{1}{h}} = \log_a \lim\limits_{h \to 0}\left(1 + \dfrac{h}{x}\right)^{\frac{1}{h}} = \dfrac{1}{x \ln a}.$

特别地,$y = \ln x$ 的导数为

$$y' = \dfrac{1}{x}.$$

四、导数的几何意义

函数 $y = f(x)$ 在点 x_0 处的导数 $f'(x_0)$ 在几何上表示曲线 $y = f(x)$ 在点 $M(x_0, f(x_0))$ 处切线的斜率 k,即

$$f'(x_0) = \tan \alpha = k,$$

其中 α 是切线的倾角(见图 2.3).

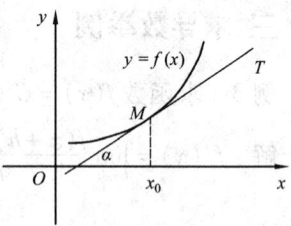

图 2.3

曲线 $y = f(x)$ 在点 $M(x_0, f(x_0))$ 处的切线方程为

$$y - f(x_0) = f'(x_0)(x - x_0).$$

曲线 $y = f(x)$ 在点 $M(x_0, f(x_0))$ 处的法线方程为

$$y - f(x_0) = -\dfrac{1}{f'(x_0)}(x - x_0).$$

例7 求等边双曲线 $y = \dfrac{1}{x}$ 在点 $\left(\dfrac{1}{2}, 2\right)$ 处的切线方程和法线方程.

解 根据导数的几何意义,所求切线的斜率为 $k_1 = y'\big|_{x=\frac{1}{2}} = -\dfrac{1}{x^2}\big|_{x=\frac{1}{2}} = -4$,所以切线方程为 $y - 2 = -4\left(x - \dfrac{1}{2}\right)$,即 $4x + y - 4 = 0$.

所求法线的斜率为 $k_2 = -\dfrac{1}{k_1} = \dfrac{1}{4}$,于是所求的法线方程为 $2x - 8y + 15 = 0$.

五、函数的可导性与连续性的关系

定理2 若函数 $f(x)$ 在某点可导,则函数 $f(x)$ 在某点必连续.

证明 设函数 $y = f(x)$ 在点 x 可导,即 $\lim\limits_{\Delta x \to 0} \dfrac{\Delta y}{\Delta x} = f'(x)$ 存在,则由极限与无穷小量的关系知

$$\dfrac{\Delta y}{\Delta x} = f'(x) + \alpha,$$

其中 α 是 $\Delta x \to 0$ 时的无穷小量. 上式两端同乘以 Δx,得

$$\Delta y = f'(x) \Delta x + \alpha \Delta x.$$

由此可见,当 $\Delta x \to 0$ 时,$\Delta y \to 0$,即函数 $y = f(x)$ 在点 x 连续.

该结论的逆命题不成立,即函数在某点连续却不一定在该点可导. 例如,函数 $y = |x|$ 在点 $x = 0$ 处连续,但在点 $x = 0$ 处不可导(见图 2.4);同样,函数 $y = \sqrt[3]{x}$ 在点 $x = 0$ 处连续,但在点 $x = 0$ 处不可导(见图 2.5).

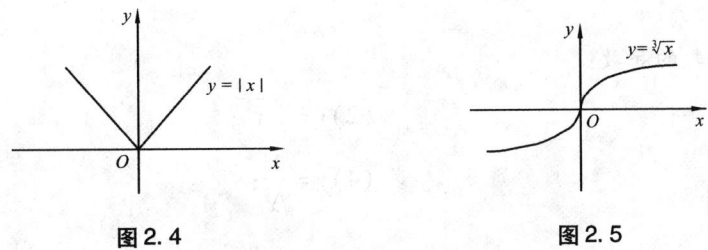

图 2.4　　　　　　　　图 2.5

例 8　讨论 $f(x) = \begin{cases} x^2, & x < 1, \\ 2x, & x \geq 1 \end{cases}$ 在点 $x = 1$ 处的连续性与可导性.

解　因为
$$\lim_{x \to 1^-} f(x) = 1, \quad \lim_{x \to 1^+} f(x) = 2,$$
所以 $f(x)$ 在 $x = 1$ 不连续,当然在 $x = 1$ 也不可导.

例 9　讨论 $f(x) = \begin{cases} x^2 + 1, & x < 1, \\ 2x, & x \geq 1 \end{cases}$ 在点 $x = 1$ 处的连续性与可导性.

解　因为
$$f'_-(1) = \lim_{x \to 1^-} \frac{f(x) - f(1)}{x - 1} = \lim_{x \to 1^-} \frac{x^2 + 1 - 2}{x - 1} = 2,$$
$$f'_+(1) = \lim_{x \to 1^+} \frac{f(x) - f(1)}{x - 1} = \lim_{x \to 1^+} \frac{2x - 2}{x - 1} = 2,$$
所以 $f'(1) = 2$,即 $f(x)$ 在点 $x = 1$ 可导,当然在点 $x = 1$ 也连续.

例 10　讨论 $f(x) = \begin{cases} x, & x \leq 1, \\ 2 - x, & x > 1 \end{cases}$ 在点 $x = 1$ 处的连续性与可导性.

解　因为
$$\lim_{x \to 1^-} f(x) = \lim_{x \to 1^-} x = 1, \quad \lim_{x \to 1^+} f(x) = \lim_{x \to 1^+} (2 - x) = 1,$$
所以 $f(x)$ 在点 $x = 1$ 连续. 但
$$f'_-(1) = \lim_{x \to 1^-} \frac{f(x) - f(1)}{x - 1} = \lim_{x \to 1^-} \frac{x - 1}{x - 1} = 1,$$
$$f'_+(1) = \lim_{x \to 1^+} \frac{f(x) - f(1)}{x - 1} = \lim_{x \to 1^+} \frac{2 - x - 1}{x - 1} = -1,$$
所以 $f(x)$ 在点 $x = 1$ 不可导.

习题 2-1

1. 下列各题中均假定 $f'(x_0)$ 存在,按照导数定义观察下列极限,并指出 A 表示什么.

(1) $\lim\limits_{\Delta x \to 0} \dfrac{f(x_0 - \Delta x) - f(x_0)}{\Delta x} = A$;

(2) $\lim\limits_{x \to 0} \dfrac{f(x)}{x} = A$,其中 $f(0) = 0$,且 $f'(0)$ 存在;

(3) $\lim\limits_{h \to 0} \dfrac{f(x_0 + h) - f(x_0 - h)}{h} = A$.

2. 求下列函数的导数:

(1) $y = x^4$;

(2) $y = \sqrt[3]{x^2}$;

(3) $y = x^{1.6}$;

(4) $y = \dfrac{1}{\sqrt{x}}$;

(5) $y = \dfrac{1}{x^2}$;

(6) $y = x^3 \sqrt[5]{x}$;

(7) $y = \dfrac{x^2 \sqrt[3]{x^2}}{\sqrt{x^5}}$.

3. 求曲线 $y = \cos x$ 上点 $\left(\dfrac{\pi}{3}, \dfrac{1}{2}\right)$ 处的切线方程和法线方程.

4. 讨论下列函数在 $x = 0$ 处的连续性与可导性:

(1) $y = |\sin x|$;

(2) $f(x) = \begin{cases} x^2 \sin \dfrac{1}{x}, & x \neq 0, \\ 0, & x = 0. \end{cases}$

5. 已知 $f(x) = \begin{cases} \mathrm{e}^x, & x \leq 0, \\ a + bx, & x > 0, \end{cases}$ 当 a、b 为何值时, $y = f(x)$ 在 $x = 0$ 处可导.

第二节　函数的求导法则

对于一般函数的导数,若都按定义来求,则显得比较繁琐. 本节将给出一些求导法则,以简化对初等函数的求导运算.

一、导数的四则运算

定理1 设 $u = u(x)$, $v = v(x)$ 都在 x 处可导,则有

(1) $(u \pm v)' = u' \pm v'$;

(2) $(uv)' = uv' + u'v$, $(cu)' = cu'$ (c 为常数);

(3) $\left(\dfrac{u}{v}\right)' = \dfrac{vu' - uv'}{v^2}$, $\left(\dfrac{c}{v}\right)' = -\dfrac{cv'}{v^2}$ ($v \neq 0$).

注意:法则(1)和(2)均可推广到有限个可导函数的情形. 如

$$(uvw)' = u'vw + uv'w + uvw'.$$

例1 $y = 2x - \sqrt[3]{x} + 3\sin x - \ln 3$，求 y'.

解 $y' = (2x - \sqrt[3]{x} + 3\sin x - \ln 3)' = (2x)' - (\sqrt[3]{x})' + (3\sin x)' - (\ln 3)'$
$= 2 - \dfrac{1}{3}x^{-\frac{2}{3}} + 3\cos x.$

例2 $f(x) = x^3 + 4\cos x - \sin\dfrac{\pi}{2}$，求 $f'(x)$，$f'\left(\dfrac{\pi}{2}\right)$.

解 $f'(x) = 3x^2 - 4\sin x.$
$f'\left(\dfrac{\pi}{2}\right) = \dfrac{3}{4}\pi^2 - 4.$

例3 $y = e^x(\sin x + \cos x)$，求 y'.

解 $y' = (e^x)'(\sin x + \cos x) + e^x(\sin x + \cos x)'$
$= e^x(\sin x + \cos x) + e^x(\cos x - \sin x) = 2e^x\cos x.$

例4 $y = \tan x$，求 y'.

解 $y' = (\tan x)' = \left(\dfrac{\sin x}{\cos x}\right)' = \dfrac{(\sin x)'\cos x - (\cos x)'\sin x}{\cos^2 x}$
$= \dfrac{\cos^2 x + \sin^2 x}{\cos^2 x} = \dfrac{1}{\cos^2 x} = \sec^2 x,$

即 $(\tan x)' = \sec^2 x.$

这就是正切函数的导数公式.

例5 $y = \sec x$，求 y'.

解 $y' = (\sec x)' = \left(\dfrac{1}{\cos x}\right)' = \dfrac{1'\cos x - 1(\cos x)'}{\cos^2 x}$
$= \dfrac{\sin x}{\cos^2 x} = \sec x \tan x,$

即 $(\sec x)' = \sec x \tan x.$

这就是正割函数的导数公式.

用类似的方法可得：
$$(\cot x)' = -\csc^2 x, \quad (\csc x)' = -\csc x \cot x.$$

例6 $y = \dfrac{x\sin x}{1 + \cos x}$，求 y'.

解 $y' = \dfrac{(x\sin x)'(1 + \cos x) - (1 + \cos x)'x\sin x}{(1 + \cos x)^2}$
$= \dfrac{(\sin x + x\cos x)(1 + \cos x) - (-\sin x)x\sin x}{(1 + \cos x)^2}$
$= \dfrac{(\sin x + x)(1 + \cos x)}{(1 + \cos x)^2} = \dfrac{\sin x + x}{1 + \cos x}.$

例7 求 $y = x^2\log_a x + 3\tan x + \dfrac{1}{\sin x}$ 的导数.

解 $y' = (x^2 \log_a x)' + (3\tan x)' + \left(\dfrac{1}{\sin x}\right)'$

$= 2x\log_a x + x^2 \dfrac{1}{x\ln a} + 3\sec^2 x + \dfrac{-\cos x}{\sin^2 x}$

$= 2x\log_a x + \dfrac{1}{\ln a}x + 3\sec^2 x - \cot x\csc x.$

二、复合函数求导法则

定理2 设 $y = f[\varphi(x)]$ 是由 $y = f(u)$, $u = \varphi(x)$ 复合而成,若 $u = \varphi(x)$ 在 x 处可导,而 $y = f(u)$ 在 u 处可导,则 $y = f[\varphi(x)]$ 在 x 处可导,且

$$\dfrac{\mathrm{d}y}{\mathrm{d}x} = \dfrac{\mathrm{d}y}{\mathrm{d}u} \cdot \dfrac{\mathrm{d}u}{\mathrm{d}x} \quad \text{或} \quad y'_x = y'_u \cdot u'_x.$$

证明 由于 $y = f(u)$ 在点 u 处可导,因此

$$\lim_{\Delta u \to 0} \dfrac{\Delta y}{\Delta u} = f'(u) \quad (\Delta u \neq 0),$$

则 $\dfrac{\Delta y}{\Delta u} = f'(u) + \alpha$,其中 α 是 $\Delta u \to 0$ 的无穷小,所以 $\Delta y = f'(u)\Delta u + \alpha\Delta u$.

若 $\Delta u = 0$,规定 $\alpha = 0$,则上式依然成立,于是无论 Δu 是否为 0 都有

$$\Delta y = f'(u)\Delta u + \alpha\Delta u,$$

那么有 $\dfrac{\Delta y}{\Delta x} = f'(u)\dfrac{\Delta u}{\Delta x} + \alpha\dfrac{\Delta u}{\Delta x}$,于是

$$\dfrac{\mathrm{d}y}{\mathrm{d}x} = \lim_{\Delta x \to 0}\dfrac{\Delta y}{\Delta x} = \lim_{\Delta x \to 0}\left[f'(u)\dfrac{\Delta u}{\Delta x} + \alpha\dfrac{\Delta u}{\Delta x}\right] = f'(u)\varphi'(x).$$

注意:(1)此求导法则称为链式法则,并可推广到有多个函数构成的复合函数的情形. 如,$y = f(u)$,$u = \varphi(v)$,$v = \omega(x)$,则 $y = f\{\varphi[\omega(x)]\}$ 可导,且

$$\dfrac{\mathrm{d}y}{\mathrm{d}x} = \dfrac{\mathrm{d}y}{\mathrm{d}u} \cdot \dfrac{\mathrm{d}u}{\mathrm{d}v} \cdot \dfrac{\mathrm{d}v}{\mathrm{d}x} \quad \text{或} \quad y'_x = y'_u \cdot u'_v \cdot v'_x;$$

(2)正确运用此法则的关键在于弄清复合函数的函数关系.

例8 求 $y = (1+2x)^8$ 的导数 y'.

解 $y = (1+2x)^8$ 可看作由 $y = u^8$,$u = 1+2x$ 复合而成,因此

$$\dfrac{\mathrm{d}y}{\mathrm{d}x} = \dfrac{\mathrm{d}y}{\mathrm{d}u} \cdot \dfrac{\mathrm{d}u}{\mathrm{d}x} = 8u^7 \cdot 2 = 16(1+2x)^7.$$

例9 $y = \sin\dfrac{2x}{1+x^2}$,求 $\dfrac{\mathrm{d}y}{\mathrm{d}x}$.

解 $y = \sin\dfrac{2x}{1+x^2}$ 可看作由 $y = \sin u$ 和 $u = \dfrac{2x}{1+x^2}$ 复合而成,又因为

$$\dfrac{\mathrm{d}y}{\mathrm{d}u} = \cos u, \quad \dfrac{\mathrm{d}u}{\mathrm{d}x} = \dfrac{2(1+x^2) - (2x)^2}{(1+x^2)^2} = \dfrac{2(1-x^2)}{(1+x^2)^2},$$

所以

$$\frac{dy}{dx} = \frac{dy}{du}\frac{du}{dx} = \frac{2(1-x^2)}{(1+x^2)^2}\cos\frac{2x}{1+x^2}.$$

从以上例子可以看出,应用复合函数求导法则时,首先要分析所给函数可看作由哪些函数复合而成,或者说,所给函数能分解成哪些函数. 如果所给函数能分解成比较简单的函数,而这些简单函数的导数我们已经会求,那么应用复合函数求导法则就可以求所给函数的导数了.

对复合函数的分解比较熟练后,就不必再写中间变量,而可以采用下列例题的方式来计算.

例 10 $y = \ln\tan x$,求 $\dfrac{dy}{dx}$.

解 $\dfrac{dy}{dx} = (\ln\tan x)' = \dfrac{1}{\tan x}(\tan x)' = \dfrac{1}{\tan x}\sec^2 x = \dfrac{2}{\sin 2x}.$

例 11 $y = \sqrt[3]{1-2x^2}$,求 $\dfrac{dy}{dx}$.

解 $\dfrac{dy}{dx} = \dfrac{1}{3}(1-2x^2)^{-\frac{2}{3}} \cdot (1-2x^2)' = -\dfrac{4x}{3\sqrt[3]{(1-2x^2)^2}}.$

例 12 $y = \ln\cos e^x$,求 $\dfrac{dy}{dx}$.

解 $\dfrac{dy}{dx} = (\ln\cos e^x)' = \dfrac{1}{\cos e^x}(\cos e^x)' = \dfrac{-\sin e^x}{\cos e^x}(e^x)' = -e^x\tan e^x.$

例 13 $y = 2^{\sin\frac{1}{x}}$,求 $\dfrac{dy}{dx}$.

解 $\dfrac{dy}{dx} = (2^{\sin\frac{1}{x}})' = 2^{\sin\frac{1}{x}} \cdot \ln 2 \cdot \left(\sin\dfrac{1}{x}\right)'$

$= 2^{\sin\frac{1}{x}} \cdot \ln 2 \cdot \cos\dfrac{1}{x} \cdot \left(\dfrac{1}{x}\right)' = -\dfrac{\ln 2}{x^2} 2^{\sin\frac{1}{x}}\cos\dfrac{1}{x}.$

例 14 设 $y = f(x)$ 可导,求 $[f(\ln x)]'$,$(f[(x+a)^n])'$.

解 $[f(\ln x)]' = f'(\ln x)(\ln x)' = \dfrac{1}{x}f'(\ln x).$

$(f[(x+a)^n])' = f'[(x+a)^n][(x+a)^n]' = n(x+a)^{n-1}f'[(x+a)^n].$

三、反函数的导数

定理 3 若 $x = \varphi(y)$ 单调、可导,且 $\varphi'(y) \neq 0$,则它的反函数 $y = f(x)$ 在点 x 处可导,且

$$f'(x) = \frac{1}{\varphi'(y)} \quad \left(\text{或}\frac{dy}{dx} = \frac{1}{\frac{dx}{dy}}\right).$$

证明 由于 $x = \varphi(y)$ 单调、可导,而 $x = \varphi(y)$ 的反函数 $y = f(x)$ 也单调、连续,设

$$\Delta y = f(x+\Delta x) - f(x), \Delta y \neq 0.$$

从而有 $\dfrac{\Delta y}{\Delta x} = \dfrac{1}{\dfrac{\Delta x}{\Delta y}}$，因为 $y = f(x)$ 连续，故 $\lim\limits_{\Delta x \to 0} \Delta y = 0$，从而

$$f'(x) = \lim_{\Delta x \to 0} \frac{\Delta y}{\Delta x} = \frac{1}{\lim\limits_{\Delta y \to 0} \dfrac{\Delta x}{\Delta y}} = \frac{1}{\varphi'(y)}.$$

例 15 $y = \arcsin x$，求 y'.

解 $y = \arcsin x$ 是 $x = \sin y, y \in \left(-\dfrac{\pi}{2} < x < \dfrac{\pi}{2}\right)$ 的反函数，则

$$y' = (\arcsin x)' = \frac{1}{(\sin y)'} = \frac{1}{\cos y} = \frac{1}{\sqrt{1 - \sin^2 y}} = \frac{1}{\sqrt{1 - x^2}},$$

即
$$(\arcsin x)' = \frac{1}{\sqrt{1 - x^2}}.$$

同理可得

$$(\arccos x)' = -\frac{1}{\sqrt{1 - x^2}}.$$

例 16 $y = \arctan x$，求 y'.

解 $y = \arctan x$ 是 $x = \tan y, y \in \left(-\dfrac{\pi}{2} < x < \dfrac{\pi}{2}\right)$ 的反函数，则

$$y' = (\arctan x)' = \frac{1}{(\tan y)'} = \frac{1}{\sec^2 y} = \frac{1}{1 + \tan^2 y} = \frac{1}{1 + x^2},$$

即
$$(\arctan x)' = \frac{1}{1 + x^2}.$$

同理可得

$$(\operatorname{arccot} x)' = -\frac{1}{1 + x^2}.$$

例 17 (1) $y = \arctan \dfrac{x-1}{x+1}$，求 y'；(2) $y = \mathrm{e}^{\arctan \sqrt{x}}$，求 y'.

解 (1) $y' = \left(\arctan \dfrac{x-1}{x+1}\right)' = \dfrac{1}{1 + \left(\dfrac{x-1}{x+1}\right)^2} \left(\dfrac{x-1}{x+1}\right)' = \dfrac{1}{1 + x^2}.$

(2) $y' = (\mathrm{e}^{\arctan \sqrt{x}})' = \mathrm{e}^{\arctan \sqrt{x}} (\arctan \sqrt{x})'$

$= \mathrm{e}^{\arctan \sqrt{x}} \dfrac{1}{1 + x} (\sqrt{x})' = \dfrac{\mathrm{e}^{\arctan \sqrt{x}}}{2\sqrt{x}(1 + x)}.$

例 18 设 $y = a^x (a > 0$ 且 $a \neq 0)$，求 y'.

解 $y' = (\mathrm{e}^{\ln a^x})' = (\mathrm{e}^{x \ln a})' = a^x \ln a.$

特别地，取 $a = \mathrm{e}$，有

$$(\mathrm{e}^x)' = \mathrm{e}^x.$$

四、基本求导法则与求导公式

1. 常数与基本函数的求导公式

(1) $(C)' = 0$ (C 为常数).
(2) $(x^\alpha)' = \alpha x^{\alpha-1}$ (α 为任意实数).
(3) $(\sin x)' = \cos x$.
(4) $(\cos x)' = -\sin x$.
(5) $(\tan x)' = \sec^2 x$.
(6) $(\cot x)' = -\csc^2 x$.
(7) $(\sec x)' = \sec x \tan x$.
(8) $(\csc x)' = -\csc x \cot x$.
(9) $(a^x)' = a^x \ln a$.
(10) $(e^x)' = e^x$.
(11) $(\log_a x)' = \dfrac{1}{x \ln a}$.
(12) $(\ln x)' = \dfrac{1}{x}$.
(13) $(\arcsin x)' = \dfrac{1}{\sqrt{1-x^2}}$.
(14) $(\arccos x)' = -\dfrac{1}{\sqrt{1-x^2}}$.
(15) $(\arctan x)' = \dfrac{1}{1+x^2}$.
(16) $(\operatorname{arccot} x)' = -\dfrac{1}{1+x^2}$.

2. 函数的和、差、积、商的求导法则

设 $u = u(x)$, $v = v(x)$ 都可导, 则

(1) $(u \pm v)' = u' \pm v'$.
(2) $(Cu)' = Cu'$.
(3) $(uv)' = u'v + v'u$.
(4) $\left(\dfrac{u}{v}\right)' = \dfrac{u'v - vu'}{v^2}$ ($v \neq 0$).

3. 复合函数的求导法则

设 $y = f(u)$, 而 $u = g(x)$, 且 $f(u)$ 及 $g(x)$ 都可导, 则复合函数 $y = f[g(x)]$ 的导数为

$$\frac{dy}{dx} = \frac{dy}{du} \cdot \frac{du}{dx} \quad \text{或} \quad y'(x) = f'(u) g'(x).$$

4. 反函数的求导法则

设 $x = f(y)$ 在区间 I_y 内单调、可导, 且 $f'(y) \neq 0$, 则它的反函数 $y = f^{-1}(x)$ 在 $I_x = f(I_y)$ 内也可导, 且

$$[f^{-1}(x)]' = \frac{1}{f'(y)} \quad \text{或} \quad \frac{dy}{dx} = \frac{1}{\dfrac{dx}{dy}}.$$

习题 2-2

1. 求下列函数的导数.

(1) $y = x^3 + \dfrac{7}{x^4} - \dfrac{2}{x} + 7$;

(2) $y = 5x^3 - 2^x + 2e^x$;

(3) $y = 2\tan x + \sec x - 1$;   (4) $y = \sin x \cos x$;

(5) $y = x^2 \ln x$;   (6) $y = 3e^x \cos x$;

(7) $y = \dfrac{\ln x}{x}$;   (8) $y = \dfrac{e^x}{x^2} + \ln 3$;

(9) $y = x^2 \ln x \cos x$;   (10) $s = \dfrac{1 + \sin t}{1 + \cos t}$.

2. 求下列函数在给定点处的导数.

(1) $\rho = \theta \sin \theta + \dfrac{1}{2} \cos \theta$, 求 $\dfrac{d\rho}{d\theta}\bigg|_{\theta = \frac{\pi}{4}}$;

(2) $f(x) = \dfrac{3}{5 - x} + \dfrac{x^2}{5}$, 求 $f'(0)$, $f'(2)$.

3. 求曲线 $y = 2\sin x + x^2$ 上横坐标为 $x = 0$ 的点处的切线方程和法线方程.

4. 求下列函数的导数.

(1) $y = (2x + 5)^4$;   (2) $y = e^{-3x^2}$;

(3) $y = \sin^2 x$;   (4) $y = \ln(1 + x^2)$;

(5) $y = \sqrt{a^2 - x^2}$;   (6) $y = \tan(x^2)$;

(7) $y = \arctan(e^x)$;   (8) $y = (\arcsin x)^2$.

5. 求下列函数的导数.

(1) $y = \sqrt{1 + \ln^2 x}$;   (2) $y = e^{\arctan \sqrt{x}}$;

(3) $y = \sin^n x \cos nx$;   (4) $y = \dfrac{\arcsin x}{\arccos x}$;

(5) $y = \ln \ln \ln x$;   (6) $y = \dfrac{\sqrt{1 + x} - \sqrt{1 - x}}{\sqrt{1 + x} + \sqrt{1 - x}}$.

6. 设 $f(x)$ 可导,求下列函数的导数 $\dfrac{dy}{dx}$.

(1) $y = f(x^2)$;   (2) $y = f(\sin^2 x) + f(\cos^2 x)$.

第三节　高阶导数

定义 1　若 $y = f(x)$ 的导函数 $f'(x)$ 仍为 x 的可导函数,则称 $y' = f'(x)$ 的导数 $(y')' = [f'(x)]'$ 为 $y = f(x)$ 的二阶导函数,记为

$$y'',\ f''(x) \text{ 或 } \dfrac{d^2 y}{dx^2},$$

且有

$$f''(x) = \lim_{\Delta x \to 0} \dfrac{f'(x + \Delta x) - f'(x)}{\Delta x}.$$

类似地,可以定义三阶、四阶、$\cdots$、n 阶导数,记为

$$y''' = (y'')', \cdots, y^{(n)} = [y^{(n-1)}]'$$

例1 $y = ax + b$, 求 y''.

解 $y' = a$, $y'' = 0$.

例2 $s = \sin \omega t$, 求 s''.

解 $s' = \omega \cos \omega t$, $s'' = -\omega^2 \sin \omega t$.

下面介绍几个初等函数的 n 阶导数.

例3 求指数函数 $y = e^x$ 的 n 阶导数.

解 $y' = e^x, y'' = e^x, y''' = e^x, y^{(4)} = e^x$.

一般地,可得 $y^{(n)} = e^x$,即 $(e^x)^{(n)} = e^x$.

例4 已知 $y = \sin x$, 求 $y^{(n)}(x)$.

解 $y' = \cos x = \sin\left(x + \dfrac{\pi}{2}\right)$,

$$y'' = \cos\left(x + \dfrac{\pi}{2}\right) = \sin\left(x + \dfrac{\pi}{2} + \dfrac{\pi}{2}\right) = \sin\left(x + 2 \cdot \dfrac{\pi}{2}\right),$$

$$y''' = \cos\left(x + 2 \cdot \dfrac{\pi}{2}\right) = \sin\left(x + 3 \cdot \dfrac{\pi}{2}\right),$$

$$y^{(4)} = \cos\left(x + 3 \cdot \dfrac{\pi}{2}\right) = \sin\left(x + 4 \cdot \dfrac{\pi}{2}\right),$$

……

一般地,可得 $y^{(n)} = \sin\left(x + n \cdot \dfrac{\pi}{2}\right)$,即 $(\sin x)^{(n)} = \sin\left(x + n \cdot \dfrac{\pi}{2}\right)$.

用类似的方法,可得 $(\cos x)^{(n)} = \cos\left(x + n \cdot \dfrac{\pi}{2}\right)$.

例5 $y = \ln(1 + x)$, 求 $y^{(n)}(x)$.

解 因为 $y = \ln(1 + x)$,所以

$$y' = \dfrac{1}{1+x},$$

$$y'' = -\dfrac{1}{(1+x)^2},$$

$$y''' = \dfrac{1 \cdot 2}{(1+x)^3},$$

$$y^{(4)} = -\dfrac{1 \cdot 2 \cdot 3}{(1+x)^4},$$

……

一般地,可得 $y^{(n)} = (-1)^{n-1}\dfrac{(n-1)!}{(1+x)^n}$,即 $[\ln(1+x)]^{(n)} = (-1)^{n-1}\dfrac{(n-1)!}{(1+x)^n}$.

通常规定: $0! = 1$,所以这个公式当 $n = 1$ 时也成立.

习题 2-3

1. 求下列函数的二阶导数.
   (1) $y = 2x^2 + \ln x$;
   (2) $y = e^{-t}\sin t$;
   (3) $y = \sqrt{a^2 - x^2}$;
   (4) $y = \tan x$;
   (5) $y = \dfrac{1}{x^3 + 1}$;
   (6) $y = \ln(x + \sqrt{1 + x^2})$.

2. 设 $f(x) = (1+x)^6$, 求 $f'''(2)$.

3. 设 $f''(x)$ 存在, 求下列函数的二阶导数 $\dfrac{d^2 y}{dx^2}$.
   (1) $y = f(x^2)$;
   (2) $y = \ln[f(x)]$.

4. 求下列函数的 n 阶导数的一般表达式.
   (1) $y = x^n + a_1 x^{n-1} + a_2 x^{n-2} + \cdots + a_{n-1}x + a_n$ ($a_1, a_2, \cdots, a_n$ 都是常数);
   (2) $y = x\ln x$.

第四节 隐函数与参数方程所确定的函数的求导法

一、隐函数的求导法则

由方程 $F(x,y) = 0$ 所确定的函数 $y = f(x)$ 称为关于 x 的隐函数. 例如, $x^2 + y^2 = 1$, $e^y - e^x + xy = 0, xy = e^{x+y}$ 等.

假设方程 $F(x,y) = 0$ 确定的隐函数为 $y = f(x)$, 为了求其导数可从方程 $F(x,y) = 0$ 中解出 $y = f(x)$, 即对结果先显化再求导. 但是有的隐函数可以显化, 有的则不能显化. 因此对不可以显化的隐函数, 需要将 y 视为 x 的函数, 然后在方程 $F(x,y) = 0$ 的两边同时对 x 求导, 进而解出 y'.

例 1 求由方程 $e^y + xy - e = 0$ 所确定的隐函数的导数 y'.

解 将式中的 y 看作 x 的函数, 根据复合函数的求导法则将方程两边同时对 x 求导, 则
$$(e^y + xy - e)' = (e^y)' + (xy)' - e' = e^y y' + y + xy' = (e^y + x)y' + y = 0,$$
所以
$$y' = -\frac{y}{e^y + x}.$$

例 2 求由方程 $y^5 + 2y - x - 3x^7 = 0$ 所确定的隐函数在点 $x = 0$ 处的导数 $\left.\dfrac{dy}{dx}\right|_{x=0}$.

解 把方程两边分别对 x 求导得
$$5y^4 \frac{dy}{dx} + 2\frac{dy}{dx} - 1 - 21x^6 = 0,$$
由此得
$$\frac{dy}{dx} = \frac{1 + 21x^6}{5y^4 + 2}.$$

当 $x=0$ 时,由原方程可得 $y=0$,所以

$$\left.\frac{dy}{dx}\right|_{x=0}=\frac{1}{2}.$$

二、对数求导法

如果几个因式通过乘、除、乘方、开方构成一个比较复杂的函数(包括幂指数),这时可通过取对数的方法化乘除为加减,化乘方、开方为乘积,然后利用隐函数法求导,称为对数求导法.

设 $y=u(x)^{v(x)}$ ($u(x)>0$),其中 $u=u(x)$,$v=v(x)$ 均是关于 x 的可导函数,则它有两种求导方法:

方法一(根据隐函数的求导法则求导):

方程两边同时取对数有

$$\ln y = v\ln u,$$

两边同时对 x 求导得

$$\frac{y'}{y}=v'\ln u+\frac{v}{u}u',$$

从中解出 y' 有

$$y'=y\left[v'\ln u+\frac{v}{u}u'\right]=u^v\left[v'\ln u+\frac{v}{u}u'\right].$$

方法二(根据复合函数的求导法则求导):

方程两边同时取对数有

$$\ln y = v\ln u,$$

则

$$y=e^{v\ln u},$$

两边同时对 x 求导得

$$y'=e^{v\ln u}\left[v'\ln u+\frac{v}{u}u'\right]=u^v\left[v'\ln u+\frac{v}{u}u'\right].$$

上述两种求导方法称为对数求导法.

例3 求 $y=x^{\sin x}$ ($x>0$)的导数.

解 该函数是幂指函数. 为了求它的导数,可以先对方程的两边取对数,得

$$\ln y = \sin x\ln x,$$

上式两边对 x 求导,注意到 y 是 x 的函数,得

$$\frac{1}{y}y'=\cos x\ln x+\frac{\sin x}{x},$$

于是

$$y'=y\left(\cos x\ln x+\frac{\sin x}{x}\right)=x^{\sin x}\left(\cos x\ln x+\frac{\sin x}{x}\right).$$

例4 求 $y=\sqrt[3]{\dfrac{(x-1)(x-2)}{(x-3)(x-4)}}$ ($x>4$)的导数.

解 先将方程两边取对数,得
$$\ln y = \frac{1}{3}[\ln(x-1) + \ln(x-2) - \ln(x-3) - \ln(x-4)],$$
上式两边对 x 求导,得
$$\frac{1}{y}y' = \frac{1}{3}\left(\frac{1}{x-1} + \frac{1}{x-2} - \frac{1}{x-3} - \frac{1}{x-4}\right),$$
于是
$$y' = \frac{y}{3}\left(\frac{1}{x-1} + \frac{1}{x-2} - \frac{1}{x-3} - \frac{1}{x-4}\right).$$

三、参数式函数的求导

由参数方程所确定的函数称为参数式函数.

定理 1 设参数方程为
$$\begin{cases} x = \varphi(t) \\ y = \psi(t) \end{cases} \quad (\alpha \leq t \leq \beta),$$
其中 $x = \varphi(t), y = \psi(t)$ 可导,且 $\varphi'(t) \neq 0$ 及 $x = \varphi(t)$ 存在可导反函数 $t = \varphi^{-1}(x)$,则
$$\frac{\mathrm{d}y}{\mathrm{d}x} = \frac{\psi'(t)}{\varphi'(t)}.$$

证明 $y = \psi(t) = \psi[\varphi^{-1}(x)]$,则由复合函数求导法则可知
$$\frac{\mathrm{d}y}{\mathrm{d}x} = \frac{\mathrm{d}y}{\mathrm{d}t} \cdot \frac{\mathrm{d}t}{\mathrm{d}x}.$$
因为 $\dfrac{\mathrm{d}t}{\mathrm{d}x} = \dfrac{1}{\dfrac{\mathrm{d}x}{\mathrm{d}t}}$,所以有
$$\frac{\mathrm{d}y}{\mathrm{d}x} = \frac{\mathrm{d}y}{\mathrm{d}t} \cdot \frac{1}{\dfrac{\mathrm{d}x}{\mathrm{d}t}} = \frac{\psi'(t)}{\varphi'(t)}. \tag{2-5}$$

如果 $x = \varphi(t), y = \psi(t)$ 还是二阶可导的,那么由式(2-5)还可得到函数的二阶导数公式:
$$\frac{\mathrm{d}^2 y}{\mathrm{d}x^2} = \frac{\mathrm{d}}{\mathrm{d}x}\left(\frac{\mathrm{d}y}{\mathrm{d}x}\right) = \frac{\mathrm{d}}{\mathrm{d}t}\left(\frac{\psi'(t)}{\varphi'(t)}\right) \cdot \frac{\mathrm{d}t}{\mathrm{d}x} = \frac{\psi''(t)\varphi'(t) - \psi'(t)\varphi''(t)}{\varphi'^2(t)} \cdot \frac{1}{\varphi'(t)}$$
即
$$\frac{\mathrm{d}^2 y}{\mathrm{d}^2 x} = \frac{\psi''(t)\varphi'(t) - \psi'(t)\varphi''(t)}{\varphi'^3(t)}.$$

例 5 已知 $\begin{cases} x = a\sin^3 t, \\ y = a\cos^3 t, \end{cases}$ 求 $\dfrac{\mathrm{d}y}{\mathrm{d}x}$.

解 由于 $\dfrac{\mathrm{d}y}{\mathrm{d}x} = \dfrac{\dfrac{\mathrm{d}y}{\mathrm{d}t}}{\dfrac{\mathrm{d}x}{\mathrm{d}t}}$,而

$$\frac{dy}{dt} = 3a\cos^2 t(-\sin t), \quad \frac{dx}{dt} = 3a\sin^2 t\cos t$$

所以
$$\frac{dy}{dx} = \frac{3a\cos^2 t(-\sin t)}{3a\sin^2 t\cos t} = -\cot t.$$

例 6 求曲线 $\begin{cases} x = a\cos t, \\ y = b\sin t, \end{cases}$ 在 $t = \frac{\pi}{4}$ 处的切线方程.

解 当 $t = \frac{\pi}{4}$ 时,曲线上相应点 M_0 的坐标为
$$x_0 = a\cos\frac{\pi}{4} = \frac{\sqrt{2}}{2}a, \quad y_0 = b\sin\frac{\pi}{4} = \frac{\sqrt{2}}{2}b.$$

曲线在点 M_0 的切线斜率为
$$\frac{dy}{dx}\bigg|_{t=\frac{\pi}{4}} = \frac{(b\sin t)'}{(a\cos t)'}\bigg|_{t=\frac{\pi}{4}} = \frac{b\cos t}{-a\sin t}\bigg|_{t=\frac{\pi}{4}} = -\frac{b}{a}.$$

带入点斜式方程,得曲线在点 M_0 处的切线方程
$$y - \frac{b\sqrt{2}}{2} = -\frac{b}{a}\left(x - \frac{a\sqrt{2}}{2}\right),$$

化简后得
$$bx + ay - \sqrt{2}ab = 0.$$

例 7 已知 $\begin{cases} x = a(t - \sin t) \\ y = a(1 - \cos t) \end{cases}$ (a 为常数),求 $\frac{d^2y}{dx^2}$.

解 因为
$$\frac{dy}{dx} = \frac{\frac{dy}{dt}}{\frac{dx}{dt}} = \frac{a\sin t}{a(1-\cos t)} = \cot\frac{t}{2} \quad (t \neq 2n\pi, n \in \mathbf{Z}),$$

所以
$$\frac{d^2y}{dx^2} = \frac{d}{dt}\left(\cot\frac{t}{2}\right) \cdot \frac{1}{\frac{dx}{dt}} = \frac{1}{2\sin^2\frac{t}{2}} \cdot \frac{1}{a(1-\cos t)} = -\frac{1}{a(1-\cos t)^2}.$$

习题 2-4

1. 求由下列方程所确定的隐函数的导数 $\frac{dy}{dx}$.

(1) $y^2 - 2xy + 9 = 0$；　　　　　　(2) $xy = e^{x+y}$.

2. 求曲线 $x^{\frac{2}{3}} + y^{\frac{2}{3}} = a^{\frac{2}{3}}$ 在点 $\left(\frac{\sqrt{2}}{4}a, \frac{\sqrt{2}}{4}a\right)$ 处的切线方程和法线方程.

3. 用对数求导法求下列函数的导数.

(1) $y = \left(\frac{x}{1+x}\right)^x$；　　　　　　(2) $y = \frac{\sqrt{x+2}(3-x)^4}{(x+1)^5}$.

4. 求下列参数方程所确定的函数的导数$\frac{dy}{dx}$.

(1)$\begin{cases} x = at^2, \\ y = bt^3; \end{cases}$　　(2)$\begin{cases} x = \theta(1 - \sin\theta), \\ y = \theta\cos\theta. \end{cases}$

5. 求曲线$\begin{cases} x = \frac{3at}{1+t^2}, \\ y = \frac{3at^2}{1+t^2} \end{cases}$在$x = \frac{\pi}{4}$处的切线方程和法线方程.

6. 求由下列方程所确定的函数的二阶导数$\frac{d^2y}{d^2x}$.

(1)$y = 1 + xe^y$;　　(2)$\begin{cases} x = \ln(1 + t^2), \\ y = t - \arctan t. \end{cases}$

第五节　函数的微分

一、微分的概念

1. 引例

一个正方形的边长为x,则其面积为$A = x^2$. 若边长从x增加到$x + \Delta x$,则其面积的增量为

$$\begin{aligned}\Delta A &= A(x + \Delta x) - A(x) = (x + \Delta x)^2 - x^2 \\ &= 2x \cdot \Delta x + (\Delta x)^2.\end{aligned}$$

由上式及图2.6不难看出,其面积的增量由两部分组成:第一部分为$2x \cdot \Delta x$,且是Δx的线性函数;第二部分为$(\Delta x)^2$,且是Δx的高阶无穷小量. 当Δx很小时,ΔA可以用第一部分,即$2x \cdot \Delta x$来近似代替,其误差为Δx的高阶无穷小量,即

$$\Delta A \approx 2x \cdot \Delta x.$$

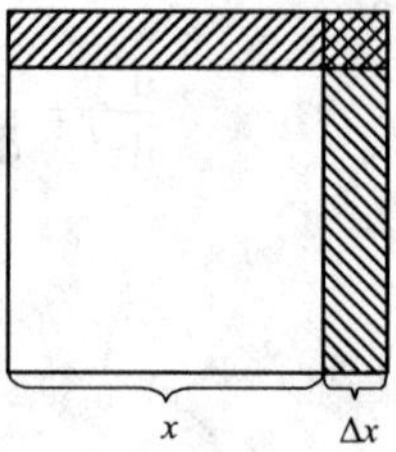

图2.6

2. 微分的概念

定义1　设函数$y = f(x)$在x的某邻域内有定义,x及$x + \Delta x$是该邻域内的点,若

$$\Delta y = f(x + \Delta x) - f(x) = A \cdot \Delta x + o(\Delta x),$$

其中A是不依赖于Δx的常数,$o(\Delta x)$是比Δx高阶的无穷小,则称$y = f(x)$在点x可微,$A \cdot \Delta x$称为$y = f(x)$在点x的微分,记作

$$dy = A \cdot \Delta x.$$

3. 可微与可导的关系

定理 1　函数 $y=f(x)$ 在点 x 可微当且仅当函数 $y=f(x)$ 在点 x 可导.

证明　设函数 $y=f(x)$ 在点 x 可微,依定义则有
$$\Delta y = f(x+\Delta x) - f(x) = A \cdot \Delta x + o(\Delta x),$$
其中 $o(\Delta x)$ 是关于 Δx 的高阶无穷小. 从而
$$\frac{\Delta y}{\Delta x} = \frac{f(x+\Delta x) - f(x)}{\Delta x} = A + \frac{o(\Delta x)}{\Delta x},$$
于是
$$\lim_{\Delta x \to 0} \frac{\Delta y}{\Delta x} = \lim_{\Delta x \to 0} \frac{f(x+\Delta x) - f(x)}{\Delta x} = A = f'(x).$$
由此可知,函数 $y=f(x)$ 在点 x 可导,且 $f'(x) = A$.

反之,设函数 $y=f(x)$ 在点 x 可导,则有
$$f'(x) = \lim_{\Delta x \to 0} \frac{\Delta y}{\Delta x} = \lim_{\Delta x \to 0} \frac{f(x+\Delta x) - f(x)}{\Delta x},$$
由极限与无穷小之间的关系可得
$$\frac{\Delta y}{\Delta x} = f'(x) + \alpha,$$
其中 α 是关于 Δx 的高阶无穷小,从而
$$\Delta y = f'(x) \cdot \Delta x + \alpha \cdot \Delta x.$$
由于 $f'(x)$ 不依赖于 Δx,而 $\alpha \cdot \Delta x = o(\Delta x)$,所以函数 $y=f(x)$ 在点 x 可微.

由上述定理不但可以看到可微与可导是等价的,而且还能得到微分与导数的关系式. 通常称自变量 x 的增量 Δx 为自变量的微分,记为 $\mathrm{d}x$,即
$$\mathrm{d}x = \Delta x,$$
那么函数 $y=f(x)$ 的微分又可记为
$$\mathrm{d}y = f'(x)\mathrm{d}x.$$
即函数的微分等于导数与自变量的微分的乘积,而上式又可改写为
$$f'(x) = \frac{\mathrm{d}y}{\mathrm{d}x},$$
即函数的导数等于函数微分与自变量微分的商,因此导数又称为"微商".

以前,我们将 $\frac{\mathrm{d}y}{\mathrm{d}x}$ 看作运算记号的整体,在有了微分概念以后,可将 $\frac{\mathrm{d}y}{\mathrm{d}x}$ 看作是一个分式了.

二、微分的运算

1. 微分基本公式

利用微分与导数之间的关系和导数基本公式可以得出微分基本公式.

2. 微分法则

(1) $d(u \pm v) = du \pm dv$; (2) $d(uv) = udv + vdu$;

(3) $d\left(\dfrac{u}{v}\right) = \dfrac{vdu - udv}{v^2}$; (4) $df[\varphi(x)] = f'[\varphi(x)]\varphi'(x)dx$.

3. 一阶微分形式不变性

设 $y = f(u)$，若 u 是自变量，则
$$dy = f'(u)du.$$
若 $u = \varphi(x)$ 是中间变量，则
$$dy = f'[\varphi(x)]\varphi'(x)dx = f'(u)du.$$
因此，不论 u 是自变量还是中间变量都有
$$dy = f'(u)du.$$

例 1 $y = e^{-ax}\sin bx$，求 dy。

解 （解法一）因为
$$y' = -ae^{-ax}\sin bx + be^{-ax}\cos bx,$$
所以
$$dy = (-ae^{-ax}\sin bx + be^{-ax}\cos bx)dx.$$

（解法二）
$$\begin{aligned}dy &= d(e^{-ax}\sin bx) = \sin bx\, de^{-ax} + e^{-ax}d(\sin bx)\\ &= \sin bx\, e^{-ax}d(-ax) + e^{-ax}\cos bx\, d(bx)\\ &= -a\sin bx\, e^{-ax}dx + be^{-ax}\cos bx\, dx.\end{aligned}$$

例 2 已知 $y = 1 + xe^y$，求 y'、dy。

解 （解法一）因为
$$y' = e^y + xe^y \cdot y',$$
所以
$$y' = \frac{dy}{dx} = \frac{e^y}{1 - xe^y}, \quad dy = \frac{e^y}{1 - xe^y}dx.$$

（解法二）因为
$$dy = d(1 + xe^y) = e^y dx + xe^y dy,$$
所以
$$(1 - xe^y)dy = e^y dx,$$
所以
$$dy = \frac{e^y}{1 - xe^y}dx, \quad y' = \frac{e^y}{1 - xe^y}.$$

4. 近似计算

实际中经常会遇到一些函数表达式较复杂的运算，但是结果又不要求十分精确，在这种情况下，可考虑使用微分来做近似计算。

设函数 $y = f(x)$ 在点 x_0 可导，$|\Delta x|$ 比较小，而 $f(x_0)$、$f'(x_0)$ 又容易求，则

公式一：$\Delta y \approx dy = f'(x_0)\Delta x$.

公式二：$f(x_0+\Delta x) \approx f(x_0) + f'(x_0)\Delta x$.

例3 求 $\sin 30°30'$ 的近似值.

解 由 $f(x_0+\Delta x) \approx f(x_0)+f'(x_0)\Delta x$，取 $f(x)=\sin x, x_0=\dfrac{\pi}{6}, \Delta x=30'=\dfrac{\pi}{360}$，则有

$$\sin 30°30' = \sin\left(\frac{\pi}{6}+\frac{\pi}{360}\right) \approx \sin\frac{\pi}{6}+\cos\frac{\pi}{6}\cdot\frac{\pi}{360}$$

$$= \frac{1}{2}+\frac{\sqrt{3}}{2}\cdot\frac{\pi}{360} \approx 0.5+0.0076 = 0.5076.$$

例4 求 $\sqrt{37}$ 的近似值.

解 由 $f(x_0+\Delta x) \approx f(x_0)+f'(x_0)\Delta x$，取 $f(x)=\sqrt{x}, x_0=36, \Delta x=1$，则有

$$\sqrt{37}=\sqrt{36+1}\approx\sqrt{36}+\frac{1}{2\sqrt{36}}\cdot 1 = 6+\frac{1}{12}\approx 6.0833.$$

利用 $f(x) \approx f(0)+f'(0)x$，且 $|x|$ 很小，可以证得以下几个常见的近似计算公式：

(1) $\sqrt[n]{1+x} \approx 1+\dfrac{1}{n}x$，$(1+x)^\alpha \approx 1+\alpha x$；

(2) $\sin x \approx x$，$\tan x \approx x$；

(3) $e^x \approx 1+x$，$\ln(1+x) \approx x$.

习题 2-5

1. 求下列函数的微分.

(1) $y=\dfrac{1}{x}+2\sqrt{x}$；　　　　　　(2) $y=x\sin x$；

(3) $y=\dfrac{x}{\sqrt{x^2+1}}$；　　　　　　(4) $y=\ln^2(1-x)$；

(5) $y=x^2 e^{2x}$；　　　　　　(6) $y=e^{-x}\cos(3-x)$；

(7) $y=\arcsin\sqrt{1-x^2}$；　　　　　　(8) $y=\tan^2(1+2x^2)$；

(9) $y=\arctan\dfrac{1-x^2}{1+x^2}$；　　　　　　(10) $s=A\sin(\omega t+\varphi)$ $(A,\omega,\varphi$ 是常数$)$.

2. 将适当的函数填入下列括号内，使等式成立：

(1) $d(\quad)=2dx$；　　　　　　(2) $d(\quad)=3xdx$；

(3) $d(\quad)=\cos t dt$；　　　　　　(4) $d(\quad)=\sin\omega x dx$；

(5) $d(\quad)=\dfrac{1}{1+x}dx$；　　　　　　(6) $d(\quad)=e^{-2x}dx$.

3. 利用微分求下列数的近似值

(1) $e^{1.01}$；　　　　　　(2) $\tan 45°10'$；

(3) $\sqrt[3]{998}$；　　　　　　(4) $\cos^2 60°30'$.

第三章 微分中值定理及其应用

本章我们将应用导数来研究函数以及曲线的某些性态,并利用这些知识解决一些实际问题. 为此,先介绍微分学的几个中值定理,它们是导数应用的理论基础.

第一节 中值定理

一、罗尔(Rolle)定理

由图 3.1 可知,除两个端点外处处有不垂直于 x 轴的切线,且 $f(a)=f(b)$,从而曲线的最高点和最低点有水平切线,即在该点 $f'(\xi)=0$. 若用分析语言描述出来即得罗尔定理. 这里先介绍费马引理.

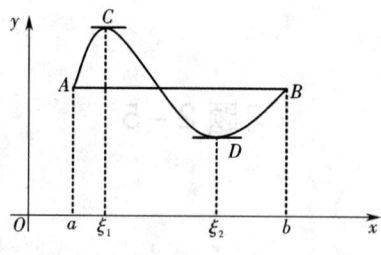

图 3.1

定理 1(费马引理) 设函数 $f(x)$ 在点 x_0 的某个邻域 $U(x_0)$ 内有定义,并且在点 x_0 处可导,如果对任意 $x\in U(x_0)$,有

$$f(x)\leqslant f(x_0) \quad \text{或} \quad f(x)\geqslant f(x_0),$$

那么 $f'(x_0)=0$.

证明 不妨设 $x\in U(x_0)$,$f(x)\leqslant f(x_0)$,于是,对于 $x_0+\Delta x\in U(x_0)$,有

$$f(x_0+\Delta x)\leqslant f(x_0),$$

从而当 $\Delta x>0$ 时,有

$$\frac{f(x_0+\Delta x)-f(x_0)}{\Delta x}\leqslant 0;$$

当 $\Delta x<0$ 时,有

$$\frac{f(x_0+\Delta x)-f(x_0)}{\Delta x}\geqslant 0.$$

根据函数 $f(x)$ 在 x_0 可导的条件及极限的保号性,便得到

$$f'(x_0) = f'_+(x_0) = \lim_{\Delta x \to 0^+} \frac{f(x_0 + \Delta x) - f(x_0)}{\Delta x} \leq 0,$$

$$f'(x_0) = f'_-(x_0) = \lim_{\Delta x \to 0^-} \frac{f(x_0 + \Delta x) - f(x_0)}{\Delta x} \geq 0,$$

所以 $f'(x_0) = 0$.

定理2(罗尔定理) 如果函数 $f(x)$ 满足:

(1) 在闭区间 $[a,b]$ 上连续;

(2) 在开区间 (a,b) 内可导;

(3) 在区间端点的函数值相等,即 $f(a) = f(b)$,那么在 (a,b) 内至少有一点 $\xi(a<\xi<b)$,使得

$$f'(\xi) = 0.$$

证明 由于 $f(x)$ 在闭区间 $[a,b]$ 上连续,那么在闭区间 $[a,b]$ 上必存在最值. 设 $M = \max_{x \in [a,b]} f(x), m = \min_{x \in [a,b]} f(x)$,则有如下两种情形:

(1) $M = m$. 这时有 $f(x) = M, x \in [a,b]$. 显然 $f'(x) = 0, x \in (a,b)$. 因此任取 $\xi \in (a,b)$,有 $f'(\xi) = 0$.

(2) $M > m$. 由于 $f(a) = f(b)$,那么 $f(a), f(b)$ 不可能都是最值,从而在开区间 (a,b) 内必有一点 ξ,使 $f(\xi)$ 是最值. 不妨设 $f(\xi) = M$,因此由费马引理得 $f'(\xi) = 0$.

例1 对函数 $y = x^2 - 2x - 3$ 在区间 $[-1,3]$ 验证罗尔定理,并确定 ξ 的值.

解 函数 $y = x^2 - 2x - 3$ 在区间 $[-1,3]$ 内连续,在区间 $(-1,3)$ 内可导,且 $f(-1) = f(3) = 0$,所以满足罗尔定理. 由于 $y' = 2x - 2 = 0$,则 $x = 1$,即 $\xi = 1$.

二、拉格朗日(Lagrange)定理

罗尔定理中 $f(a) = f(b)$ 这个条件相当特殊,如果把 $f(a) = f(b)$ 这个条件取消,其余条件保留就得到了微分学中的重要的拉格朗日定理.

定理3(拉格朗日定理) 如果函数 $f(x)$ 在闭区间 $[a,b]$ 上连续,在开区间 (a,b) 内可导,那么在 (a,b) 内至少有一点 $\xi(a<\xi<b)$,使等式

$$f(b) - f(a) = f'(\xi)(b-a) \tag{3-1}$$

成立.

定理的几何意义(见图 3.2):如果连续曲线 $y = f(x)$ 的弧 $\overparen{AB}$ 除端点外处处具有不垂直于 x 轴的切线,那么这弧上至少有一点 C,使曲线在 C 点处的切线平行于弦 AB.

从罗尔定理的几何意义可以看出(见图 3.1),由于 $f(a) = f(b)$,弦 AB 是平行于 x 轴的,因此点 C 处的切线实际上也平行于弦 AB. 由此可见,罗尔定理是拉格朗日定理的特殊情况.

从拉格朗日中值定理与罗尔定理的关系,自然想到利用罗尔定理来证明拉格朗日中值定理. 但在拉格朗日中值定理中不一定具备 $f(a) = f(b)$ 这个条件,为此我们设想来构造一个与 $f(x)$ 有密切关系的函数 $\varphi(x)$(称为辅助函数),使 $\varphi(x)$ 满足条件 $\varphi(a) = \varphi(b)$. 然后对

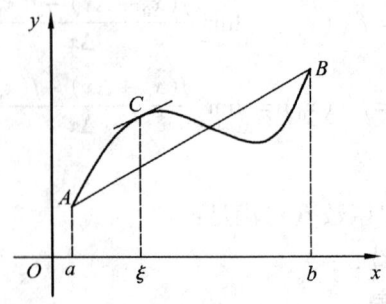

图 3.2

$\varphi(x)$ 应用罗尔定理,再把对 $\varphi(x)$ 所得的结论转化到 $f(x)$ 上,进而证得所要的结果.

下面我们从拉格朗日中值定理的代数结构来寻找辅助函数. 由于等式(3-1)可改写成

$$f'(\xi) - \frac{f(b)-f(a)}{b-a} = 0,$$

再分析等式左边的结构,因此可考虑函数一阶导数,并引入辅助函数:

$$\varphi(x) = f(x) - \frac{f(b)-f(a)}{b-a} x.$$

定理的证明 引进辅助函数

$$\varphi(x) = f(x) - \frac{f(b)-f(a)}{b-a} x,$$

容易验证函数 $\varphi(x)$ 满足罗尔定理的条件:$\varphi(b) = \varphi(a) = \dfrac{bf(a)-af(b)}{b-a}$;$\varphi(x)$ 在闭区间 $[a,b]$ 上连续,在开区间 (a,b) 上可导,且

$$\varphi'(x) = f'(x) - \frac{f(b)-f(a)}{b-a},$$

根据罗尔定理可知,在 (a,b) 内至少有一点 ξ,满足 $\varphi'(\xi) = 0$,即

$$f'(\xi) - \frac{f(b)-f(a)}{b-a} = 0,$$

由此得

$$\frac{f(b)-f(a)}{b-a} = f'(\xi),$$

也就是说

$$f(b) - f(a) = f'(\xi)(b-a).$$

显然,公式(3-1)对于 $b<a$ 也成立. 式(3-1)叫作**拉格朗日中值公式**.

设 x 为区间 $[a,b]$ 内一点,$x+\Delta x$ 为该区间内的另一点($\Delta x>0$ 或 $\Delta x<0$),则公式(3-1)在区间 $[x,x+\Delta x]$(当 $\Delta x>0$ 时)或在区间 $[x+\Delta x,x]$(当 $\Delta x<0$ 时)上成为

$$f(x+\Delta x) - f(x) = f'(x+\theta \Delta x) \cdot \Delta x \quad (0<\theta<1) \tag{3-2}$$

这里 θ 在 0 与 1 之间,所以 $x+\theta\Delta x$ 在 x 与 $x+\Delta x$ 之间. 如果记 $f(x)$ 为 y,则(3-2)式又可写成

$$\Delta y = f'(x+\theta \Delta x) \cdot \Delta x \quad (0<\theta<1) \tag{3-3}$$

我们知道,函数的微分 $dy=f'(x)\cdot\Delta x$ 是函数的增量 Δy 的近似表达式. 一般来说,以 dy 近似代替 Δy 时所产生的误差只有当 $\Delta x\to 0$ 时才趋近于零,而式(3-3)则表示 $f'(x+\theta\Delta x)\cdot\Delta x$ 在 Δx 为有限时增量 Δy 的准确表达式,因此这个定理也叫作**有限增量定理**. 它在微分学中占有重要的地位,有时也叫作**微分中值定理**. 它精确地表达了函数在一个区间上的增量与函数在这个区间内某点处的导数之间的关系. 在某些问题中,当自变量 x 取得有限增量 Δx 而需要函数增量的准确表达式时,拉格朗日中值定理就显出了它的价值.

作为拉格朗日中值定理的一个应用,下面我们来导出积分学中一个很有用的定理.

定理 4 如果函数 $f(x)$ 在区间 I 上的导数恒为零,那么 $f(x)$ 在区间 I 上是一个常数.

证明 在区间 I 上任取两点 x_1,x_2 $(x_1<x_2)$,由拉格朗日中值定理可得

$$f(x_2)-f(x_1)=f'(\xi)(x_2-x_1) \quad (x_1<\xi<x_2)$$

根据假定,$f'(\xi)=0$,所以

$$f(x_2)-f(x_1)=0,$$

即

$$f(x_2)=f(x_1).$$

因为 x_1,x_2 是 I 上任意两点,所以上面的等式表明:$f(x)$ 在 I 上的函数值总是相等的. 也就是说,$f(x)$ 在区间 I 上是一个常数.

例 2 试证明:$\forall x_1,x_2\in\mathbf{R}$,恒有 $|\sin x_2-\sin x_1|\leqslant|x_2-x_1|$.

证明 不妨设 $x_1<x_2$,有函数 $y=\sin x,x\in[x_1,x_2]$,则 $y=\sin x$ 在 $[x_1,x_2]$ 上连续且在 (x_1,x_2) 上可导,由拉格朗日中值定理可知,$\exists\xi\in(x_1,x_2)$ 满足

$$f'(\xi)=\frac{f(x_2)-f(x_1)}{x_2-x_1},$$

所以

$$\cos\xi=\frac{\sin x_2-\sin x_1}{x_2-x_1},$$

则

$$|\cos\xi|=\left|\frac{\sin x_2-\sin x_1}{x_2-x_1}\right|\leqslant 1,$$

即

$$|\sin x_2-\sin x_1|\leqslant|x_2-x_1|.$$

例 3 证明:当 $x>0$ 时,$\dfrac{x}{x+1}<\ln(1+x)<x$.

证明 设有函数 $f(x)=\ln(1+x)$ $(x>0)$,显然 $f(x)$ 在 $[0,x]$ 上满足中值定理的条件. 根据定理,有

$$f(x)-f(0)=f'(\xi)x \quad (0<\xi<x).$$

由于 $f(0)=0$,$f'(x)=\dfrac{1}{1+x}$,因此上式即为

$$\ln(1+x)=\frac{x}{\xi+1},$$

又 $0<\xi<x$,$1<\xi+1<1+x$,所以

$$\frac{x}{1+x}<\frac{x}{1+\xi}<x,$$

即
$$\frac{x}{x+1} < \ln(1+x) < x.$$

三、柯西(Cauchy)中值定理

定理 5(柯西中值定理) 如果函数 $f(x)$ 及 $F(x)$ 在闭区间 $[a,b]$ 上连续,在开区间 (a,b) 内可导,且 $F'(x)$ 在 (a,b) 内的每一点处均不为零,那么在 (a,b) 内至少有一点 ξ $(a<\xi<b)$,使等式

$$\frac{f'(\xi)}{F'(\xi)} = \frac{f(b)-f(a)}{F(b)-F(a)}, \quad \xi \in (a,b) \tag{3-4}$$

成立.

此定理的证明请同学们设置辅助函数,再利用罗尔定理自行完成.

很明显,如果取 $F(x)=x$,那么 $F(b)-F(a)=b-a, F'(x)=1$,因而公式(3-4)可变成

$$f(b)-f(a)=f'(\xi)(b-a) \quad (a<\xi<b).$$

这样就变成拉格朗日中值定理公式了.

习题 3-1

1. 验证罗尔定理对函数 $y=\ln\sin x$ 在区间 $\left[\dfrac{\pi}{6}, \dfrac{5\pi}{6}\right]$ 上的正确性.

2. 验证拉格朗日中值定理对函数 $y=4x^3-5x^2+x-2$ 在区间 $[0,1]$ 上的正确性.

3. 对函数 $f(x)=\sin x$ 及 $F(x)=x+\cos x$ 在区间 $\left[0,\dfrac{\pi}{2}\right]$ 上验证柯西中值定理的正确性.

4. 试证:对函数 $y=px^2+qx+r$ 应用拉格朗日中值定理时所求得的点 ξ 总是位于区间的正中间.

5. 不求出函数 $f(x)=(x-1)(x-2)(x-3)(x-4)$ 的导数,说明方程 $f'(x)=0$ 有几个实根,并指出它们所在的区间.

6. 证明恒等式:$\arcsin x - \arccos x = \dfrac{\pi}{2}$, $x \in [-1,1]$.

7. 若方程 $a_0 x^n + a_1 x^{n-1} + \cdots + a_{n-1} x = 0$ 有一个正根 $x=x_0$,证明方程
$$a_0 n x^{n-1} + a_1(n-1)x^{n-2} + \cdots + a_{n-1} = 0$$
必有一个小于 x_0 的正根.

8. 设 $a>b>0$,证明:$\dfrac{a-b}{a} < \ln\dfrac{a}{b} < \dfrac{a-b}{b}$.

9. 证明下列不等式:

(1) $|\arctan a - \arctan b| \leqslant |a-b|$;

(2) 当 $x>1$ 时,$e^x > e \cdot x$.

10. 证明方程 $x^5 + x - 1 = 0$ 只有一个正根.

11. 证明:若 $f(x)$ 在 $(-\infty, +\infty)$ 内满足关系式 $f'(x)=f(x)$,且 $f(0)=1$,则 $f(x)=e^x$.

第二节 洛必达法则

如果当 $x \to a$（或 $x \to \infty$）时,两个函数 $f(x)$ 与 $F(x)$ 都趋于零或都趋于无穷大,那么极限 $\lim\limits_{\substack{x \to a \\ (x \to \infty)}} \dfrac{f(x)}{F(x)}$ 可能存在,也可能不存在. 通常把这种极限叫作**未定式**,并分别简记为 $\dfrac{0}{0}$ 或 $\dfrac{\infty}{\infty}$. 在第一章第六节讨论过的极限

$$\lim_{x \to 0} \frac{\sin x}{x}$$

就是未定式 $\dfrac{0}{0}$ 的一个例子. 对于这类极限,即使它存在也不能用"商的极限等于极限的商"这一法则. 下面我们将根据柯西中值定理来推出求这类极限的一种简便且重要的方法.

下面着重讨论 $x \to a$ 时的未定式 $\dfrac{0}{0}$ 的情形,关于这种情形有下面的定理:

定理 1 设

(1) 当 $x \to a$ 时,函数 $f(x)$ 及 $F(x)$ 都趋于零;

(2) 在点 a 的某去心邻域内,$f'(x)$ 及 $F'(x)$ 都存在且 $F'(x) \neq 0$;

(3) $\lim\limits_{x \to a} \dfrac{f'(x)}{F'(x)}$ 存在(或为无穷大),

那么

$$\lim_{x \to a} \frac{f(x)}{F(x)} = \lim_{x \to a} \frac{f'(x)}{F'(x)}.$$

也就是说,当 $\lim\limits_{x \to a} \dfrac{f'(x)}{F'(x)}$ 存在时,$\lim\limits_{x \to a} \dfrac{f(x)}{F(x)}$ 也存在且等于 $\lim\limits_{x \to a} \dfrac{f'(x)}{F'(x)}$;当 $\lim\limits_{x \to a} \dfrac{f'(x)}{F'(x)}$ 为无穷大时,$\lim\limits_{x \to a} \dfrac{f(x)}{F(x)}$ 也是无穷大. 这种在一定条件下通过分子分母分别求导再求极限来确定未定式值的方法称为洛必达(L'Hospital)法则.

证明 因为求 $\dfrac{f(x)}{F(x)}$ 当 $x \to a$ 时的极限与 $f(a)$ 及 $F(a)$ 无关,所以可以假定 $f(a) = F(a) = 0$,于是由条件(1)、(2)知道,$f(x)$ 及 $F(x)$ 在点 a 的某一邻域内是连续的. 设 x 是邻域内的一点,那么在以 x 及 a 为端点的区间上,柯西中值定理的条件均满足,因此有

$$\frac{f(x)}{g(x)} = \frac{f(x)-f(a)}{g(x)-g(a)} = \frac{f'(\xi)}{g'(\xi)} \quad (\xi \text{ 在 } a \text{ 与 } x \text{ 之间}),$$

令 $x \to a$,并对上式两端求极限,注意到 $x \to a$ 时,$\xi \to a$,再根据条件(3)便得证明的结论.

如果 $\lim\limits_{x \to a} \dfrac{f'(x)}{F'(x)}$ 仍属 $\dfrac{0}{0}$ 型,且这时 $f'(x), F'(x)$ 仍满足定理中 $f(x), F(x)$ 所要满足的条件,那么可以继续使用洛必达法则,即

$$\lim_{x \to a} \frac{f(x)}{F(x)} = \lim_{x \to a} \frac{f'(x)}{F'(x)} = \lim_{x \to a} \frac{f''(x)}{F''(x)},$$

且可依此类推.

例 1 求 $\lim\limits_{x\to 0}\dfrac{\sin ax}{\sin bx}$ ($b\neq 0$).

解 $\lim\limits_{x\to 0}\dfrac{\sin ax}{\sin bx}=\lim\limits_{x\to 0}\dfrac{a\cos ax}{b\cos bx}=\dfrac{a}{b}$.

例 2 求 $\lim\limits_{x\to 1}\dfrac{x^3-3x+2}{x^3-x^2-x+1}$.

解 $\lim\limits_{x\to 1}\dfrac{x^3-3x+2}{x^3-x^2-x+1}=\lim\limits_{x\to 1}\dfrac{3x^2-3}{3x^2-2x-1}=\lim\limits_{x\to 1}\dfrac{6x}{6x-2}=\dfrac{3}{2}$.

注意：上式中的 $\lim\limits_{x\to 1}\dfrac{6x}{6x-2}$ 已不是未定式，不能对它应用洛必达法则，否则将导致错误结果. 使用洛必达法则时应当注意这一点，如果不是未定式，就不能应用洛必达法则.

例 3 求 $\lim\limits_{x\to 0}\dfrac{x-\sin x}{x^3}$.

解 $\lim\limits_{x\to 0}\dfrac{x-\sin x}{x^3}=\lim\limits_{x\to 0}\dfrac{1-\cos x}{3x^2}=\lim\limits_{x\to 0}\dfrac{\sin x}{6x}=\dfrac{1}{6}$.

我们指出，对于 $x\to\infty$ 的未定式 $\dfrac{0}{0}$，以及对于 $x\to a$ 或 $x\to\infty$ 时的未定式 $\dfrac{\infty}{\infty}$，也有相应的洛必达法则. 例如，对于 $x\to\infty$ 时的未定式 $\dfrac{0}{0}$，如果

(1) 当 $x\to\infty$ 时，函数 $f(x)$ 及 $F(x)$ 都趋近于零；

(2) 当 $|x|>N$ 时，$f'(x)$ 与 $F'(x)$ 都存在，且 $F'(x)\neq 0$；

(3) $\lim\limits_{x\to\infty}\dfrac{f'(x)}{F'(x)}$ 存在（或为无穷大），

那么
$$\lim\limits_{x\to\infty}\dfrac{f(x)}{F(x)}=\lim\limits_{x\to\infty}\dfrac{f'(x)}{F'(x)}.$$

例 4 求 $\lim\limits_{x\to +\infty}\dfrac{\dfrac{\pi}{2}-\arctan x}{\dfrac{1}{x}}$.

解 $\lim\limits_{x\to +\infty}\dfrac{\dfrac{\pi}{2}-\arctan x}{\dfrac{1}{x}}=\lim\limits_{x\to +\infty}\dfrac{-\dfrac{1}{1+x^2}}{-\dfrac{1}{x^2}}=\lim\limits_{x\to +\infty}\dfrac{x^2}{1+x^2}=1$.

例 5 求 $\lim\limits_{x\to +\infty}\dfrac{\ln x}{x^n}$.

解 $\lim\limits_{x\to +\infty}\dfrac{\ln x}{x^n}=\lim\limits_{x\to +\infty}\dfrac{\dfrac{1}{x}}{nx^{n-1}}=\lim\limits_{x\to +\infty}\dfrac{1}{nx^n}=0$.

例 6 求 $\lim\limits_{x\to +\infty}\dfrac{x^n}{e^{\lambda x}}$ (n 为正整数，$\lambda>0$).

解 相继应用洛必达法则 n 次,得

$$\lim_{x\to+\infty}\frac{x^n}{e^{\lambda x}}=\lim_{x\to+\infty}\frac{nx^{n-1}}{\lambda e^{\lambda x}}=\lim_{x\to+\infty}\frac{n(n-1)x^{n-2}}{\lambda^2 e^{\lambda x}}=\cdots=\lim_{x\to+\infty}\frac{n!}{\lambda^n e^{\lambda x}}=0.$$

其他尚有一些 $0\cdot\infty$、$\infty-\infty$、0^0、1^∞、∞^0 型的未定式,也可通过 $\dfrac{0}{0}$ 或 $\dfrac{\infty}{\infty}$ 型的未定式来计算,下面用例子说明.

例 7 求 $\lim\limits_{x\to 0^+} x^n \ln x \quad (n>0)$.

解 这是未定式 $0\cdot\infty$. 因为

$$x^n \ln x = \frac{\ln x}{\dfrac{1}{x^n}},$$

则当 $x\to 0^+$ 时,上式右端是未定式 $\dfrac{\infty}{\infty}$,应用洛必达法则,得

$$\lim_{x\to 0^+} x^n \ln x = \lim_{x\to 0^+}\frac{\ln x}{x^{-n}} = \lim_{x\to 0^+}\frac{\dfrac{1}{x}}{-nx^{-n-1}} = \lim_{x\to 0^+}\left(\frac{-x^n}{n}\right) = 0.$$

例 8 求 $\lim\limits_{x\to\frac{\pi}{2}}(\sec x - \tan x)$.

解 这是未定式 $\infty-\infty$. 因为

$$\sec x - \tan x = \frac{1-\sin x}{\cos x},$$

当 $x\to\dfrac{\pi}{2}$ 时,上式右端是未定式 $\dfrac{0}{0}$,应用洛必达法则,得

$$\lim_{x\to\frac{\pi}{2}}(\sec x - \tan x) = \lim_{x\to\frac{\pi}{2}}\frac{1-\sin x}{\cos x} = \lim_{x\to\frac{\pi}{2}}\frac{-\cos x}{-\sin x} = 0.$$

例 9 求 $\lim\limits_{x\to 0^+} x^x$.

解 这是未定式 0^0. 设 $y=x^x$,取对数得

$$\ln y = x\ln x,$$

当 $x\to 0^+$ 时,上式右端是未定式 $0\cdot\infty$,应用例 7 的结果,得

$$\lim_{x\to 0^+}\ln y = \lim_{x\to 0^+}(x\ln x) = 0.$$

因为 $y=e^{\ln y}$,而

$$\lim_{x\to 0^+} y = \lim_{x\to 0^+} e^{\ln y} = e^{\lim\limits_{x\to 0^+}\ln y},$$

所以

$$\lim_{x\to 0^+} x^x = \lim_{x\to 0^+} y = e^0 = 1.$$

洛必达法则是求未定式的一种有效方法,但最好能与其他求极限的方法结合使用. 例如,能化简时应尽可能先化简;可以应用等价无穷小替代或重要极限时,应尽可能应用,这样可以使运算简捷.

例 10 求 $\lim\limits_{x\to 0}\dfrac{\tan x - x}{x^2 \sin x}$.

解 如果直接用洛必达法则,那么分母的导数(尤其是高阶导数)较繁. 如果作一个等价无穷小替代,那么运算就方便得多. 其运算如下:

$$\lim_{x\to 0}\frac{\tan x-x}{x^2\sin x}=\lim_{x\to 0}\frac{\tan x-x}{x^3}\cdot\frac{x}{\sin x}=\lim_{x\to 0}\frac{\tan x-x}{x^3}$$

$$=\lim_{x\to 0}\frac{\sec^2 x-1}{3x^2}=\lim_{x\to 0}\frac{2\sec^2 x\tan x}{6x}=\frac{1}{3}\lim_{x\to 0}\frac{\tan x}{x}=\frac{1}{3}.$$

最后,我们指出,本节定理给出的是求未定式的一种方法. 当定理条件满足时,所求的极限当然存在(或为 ∞),但当定理条件不满足时,所求极限却不一定不存在. 也就是说,当 $\lim\dfrac{f'(x)}{F'(x)}$ 不存在时(等于无穷大的情况除外),$\lim\dfrac{f(x)}{F(x)}$ 仍可能存在.

习题 3-2

1. 用洛必达法则求下列极限:

   (1) $\lim\limits_{x\to 0}\dfrac{\ln(1+x)}{x}$;

   (2) $\lim\limits_{x\to 0}\dfrac{e^x-e^{-x}}{\sin x}$;

   (3) $\lim\limits_{x\to a}\dfrac{\sin x-\sin a}{x-a}$;

   (4) $\lim\limits_{x\to 0}\dfrac{\sin 3x}{\tan 5x}$;

   (5) $\lim\limits_{x\to\frac{\pi}{2}}\dfrac{\ln\sin x}{(\pi-2x)^2}$;

   (6) $\lim\limits_{x\to a}\dfrac{x^m-a^m}{x^n-a^n}$;

   (7) $\lim\limits_{x\to 0^+}\dfrac{\ln\tan 7x}{\ln\tan 2x}$;

   (8) $\lim\limits_{x\to+\infty}\dfrac{\ln\left(1+\dfrac{1}{x}\right)}{\operatorname{arccot} x}$;

   (9) $\lim\limits_{x\to 0}\dfrac{\ln(1+x^2)}{\sec x-\cos x}$;

   (10) $\lim\limits_{x\to 0}x^2 e^{\frac{1}{x^2}}$;

   (11) $\lim\limits_{x\to 1}\left(\dfrac{2}{x^2-1}-\dfrac{1}{x-1}\right)$;

   (12) $\lim\limits_{x\to 0^+}x^{\sin x}$.

2. 讨论函数

$$f(x)=\begin{cases}\left[\dfrac{(1+x)^{\frac{1}{x}}}{e}\right]^{\frac{1}{x}}, & x>0,\\ e^{-\frac{1}{2}}, & x\le 0\end{cases}$$

在点 $x=0$ 处的连续性.

第三节 泰勒公式

在利用微分进行近似计算时,得到

$$f(x)\approx f(x_0)+f'(x_0)(x-x_0),$$

记 $P(x)=f(x_0)+f'(x_0)(x-x_0)$,于是当 x 非常接近 x_0 时,便用 $P(x)$ 的值来近似计算 $f(x)$

的值,由于 $P(x)$ 只涉及加、减、乘三种运算,是一个比较简单的函数,因此这种计算体现了用简单表示复杂的思想. 本节将在此基础上进一步提高这种近似计算的精确度,并给出其误差表达式.

显然对于上面的 $P(x)$ 满足:

(1) $f(x_0) = P(x_0)$, $f'(x_0) = P'(x_0)$;

(2) $f(x) - P(x) = o(x - x_0)$, $x \to x_0$.

其中 $o(x - x_0)$ 就是其近似计算的误差,下面讨论其表达式.

不妨设 $o(x - x_0) = k(x - x_0)^2$,接下来只需求出 k 的的表达式. 设

$$R(x) = k(x - x_0)^2, \quad g(x) = (x - x_0)^2$$

那么根据条件以及柯西中值定理有

$$k = \frac{R(x)}{g(x)} = \frac{R(x) - R(x_0)}{g(x) - g(x_0)} = \frac{R'(\xi_1)}{g'(\xi_1)}$$

$$= \frac{R'(\xi_1) - R'(x_0)}{g'(\xi_1) - g'(x_0)} = \frac{R''(\xi)}{g''(\xi)}.$$

因为 $R''(\xi) = f''(\xi)$, $g''(\xi) = 2!$,于是

$$k = \frac{f''(\xi)}{2!},$$

其中 ξ 介于 x 和 x_0 之间. 于是便有误差表达式

$$R(x) = \frac{f''(\xi)}{2!}(x - x_0)^2,$$

从而有

$$f(x) = f(x_0) + f'(x_0)(x - x_0) + \frac{f''(\xi)}{2!}(x - x_0)^2.$$

上式称为一阶泰勒(Taylor)公式,它可以认为是拉格朗日中值定理的推广,当然我们还可以将它推广到更一般的情况,见下面的定理.

定理1(泰勒中值定理) 如果函数 $f(x)$ 在含有 x_0 的某个开区间 (a, b) 内具有直到 $(n+1)$ 阶导数,则当 x 在 (a, b) 内时,$f(x)$ 可以表示为 $(x - x_0)$ 的 n 次多项式与一个余项 $R_n(x)$ 之和:

$$f(x) = f(x_0) + f'(x_0)(x - x_0) + \frac{f''(x_0)}{2!}(x - x_0)^2 + \cdots + \frac{f^{(n)}(x_0)}{n!}(x - x_0)^n + R_n(x)$$

$$(3-5)$$

其中

$$R_n(x) = \frac{f^{(n+1)}(\xi)}{(n+1)!}(x - x_0)^{n+1} \tag{3-6}$$

这里 ξ 是 x_0 与 x 之间的某个值.

公式(3-5)称为 $f(x)$ 按 $(x - x_0)$ 的幂展开的 n 阶泰勒公式,而 $R_n(x)$ 的表达式(3-6)称为拉格朗日中值型余项.

在不需要余项的精确表达式时，n 阶泰勒公式也可写成

$$f(x) = f(x_0) + f'(x_0)(x - x_0) + \frac{f''(x_0)}{2!}(x - x_0)^2 + \cdots + \frac{f^{(n)}(x_0)}{n!}(x - x_0)^n + o[(x - x_0)^n]$$

公式中的 $o[(x - x_0)^n]$ 称为 n 阶泰勒公式的佩亚诺余项.

在泰勒公式(3-5)中，如果取 $x_0 = 0$，则 ξ 在 0 与 x 之间. 因此可令 $\xi = \theta x$ ($0 < \theta < 1$)，从而泰勒公式变成较简单的形式：

$$f(x) = f(0) + f'(0)x + \frac{f''(0)}{2!}x^2 + \cdots + \frac{f^{(n)}(0)}{n!}x^n + \frac{f^{(n+1)}(\theta x)}{(n+1)!}x^{n+1} \quad (0 < \theta < 1)$$

上式称为 n 阶**麦克劳林(Maclaurin)公式**.

n 阶麦克劳林公式也可以写成

$$f(x) = f(0) + f'(0)x + \frac{f''(0)}{2!}x^2 + \cdots + \frac{f^{(n)}(0)}{n!}x^n + o(x^n),$$

由此得近似公式

$$f(x) \approx f(0) + f'(0)x + \frac{f''(0)}{2!}x^2 + \cdots + \frac{f^{(n)}(0)}{n!}x^n.$$

例 1 写出函数 $f(x) = e^x$ 的 n 阶麦克劳林公式.

解 因为 $f'(x) = f''(x) = \cdots = f^{(n)}(x) = e^x$，所以

$$f'(0) = f''(0) = \cdots = f^{(n)}(0) = e^0 = 1,$$

把这些值代入麦克劳林公式，并注意到 $f^{(n+1)}(\theta x) = e^{\theta x}$，便得

$$e^x = 1 + x + \frac{x^2}{2!} + \cdots + \frac{x^n}{n!} + \frac{e^{\theta x}}{(n+1)!}x^{n+1} \quad (0 < \theta < 1).$$

例 2 求 $f(x) = \sin x$ 的 n 阶麦克劳林公式.

解 因为

$$f'(x) = \cos x, f''(x) = -\sin x, f'''(x) = -\cos x,$$

$$f^{(4)}(x) = \sin x, \cdots, f^{(n)}(x) = \sin\left(x + \frac{n\pi}{2}\right).$$

所以 $f(0) = 0, f'(0) = 1, f''(0) = 0, f'''(0) = -1, f^{(4)}(0) = 0$ 等等. 它们循环地取四个数 $0, 1, 0, -1$，于是按麦克劳林公式得(令 $n = 2m$)

$$\sin x = x - \frac{x^3}{3!} + \frac{x^5}{5!} - \cdots + (-1)^{m-1}\frac{x^{2m-1}}{(2m-1)!} + R_{2m},$$

其中

$$R_{2m}(x) = \frac{\sin\left[\theta x + (2m+1)\frac{\pi}{2}\right]}{(2m+1)!}x^{(2m+1)} \quad (0 < \theta < 1).$$

习题 3-3

1. 按 $(x-4)$ 的乘幂展开多项式 $x^4 - 5x^3 + x^2 - 3x + 4$.

2. 应用麦克劳林公式,按 x 乘幂展开函数 $f(x) = (x^2 - 3x + 1)^3$.

3. 当 $x_0 = 1$ 时,求函数 $f(x) = \dfrac{1}{x}$ 的 n 阶泰勒公式.

4. 求函数 $f(x) = xe^x$ 的 n 阶麦克劳林公式.

5. 按要求近似计算下列各值:

(1) $\sqrt{5}$ 精确到 10^{-4}; (2) e 精确到 10^{-4}.

第四节 函数单调性的判定法

本节利用导数对函数的单调性进行研究.

从几何上来看,如果函数 $y = f(x)$ 在 $[a,b]$ 上单调增加(单调减少),那么它的图形是一条沿 x 轴正向上升(下降)的曲线. 这时,如图 3.3 所示,曲线上各点处的切线斜率是非负(或者非正)的,即 $y' = f'(x) \geq 0$ (或 $y' = f'(x) \leq 0$),由此可见,函数的单调性与导数的符号有着密切的联系.

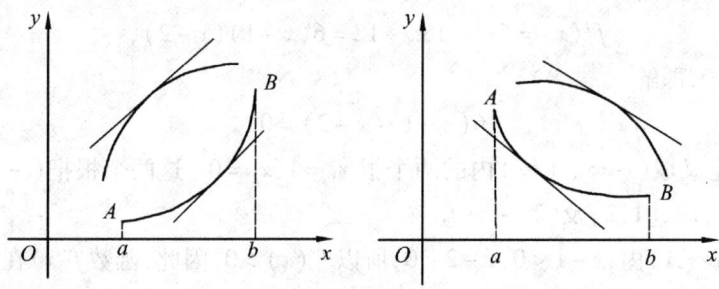

图 3.3

定理 1(函数单调性的判别法) 设函数 $f(x)$ 在 $[a,b]$ 上连续,在 (a,b) 内可导,

(1) 如果在 (a,b) 内 $f'(x) > 0$,那么函数 $f(x)$ 在 $[a,b]$ 上单调增加;

(2) 如果在 (a,b) 内 $f'(x) < 0$,那么函数 $f(x)$ 在 $[a,b]$ 上单调减少.

证明 仅证(1). 在 $[a,b]$ 上任取两点 x_1, x_2 $(x_1 < x_2)$,应用拉格朗日中值定理,得到
$$f(x_2) - f(x_1) = f'(\xi)(x_2 - x_1) \quad (x_1 < \xi < x_2) \tag{3-7}$$
由于在 (3-7) 式中,$x_2 - x_1 > 0$,在 (a,b) 内 $f'(x) > 0$,那么 $f'(\xi) > 0$,于是
$$f(x_2) - f(x_1) > 0,$$
即 $f(x_2) > f(x_1)$,因此函数 $f(x)$ 在 $[a,b]$ 上单调增加.

例 1 判定函数 $y = x - \sin x$ 在 $[0, 2\pi]$ 上的单调性.

解 因为在 $(0, 2\pi)$ 内
$$y' = 1 - \cos x > 0,$$
所以由判定法可知,函数 $y = x - \sin x$ 在 $[0, 2\pi]$ 上单调增加.

例 2 讨论函数 $y = e^x - x - 1$ 的单调性.

解 $y' = e^x - 1$.

函数 $y = e^x - x - 1$ 的定义域为 $(-\infty, +\infty)$. 因为在 $(-\infty, 0]$ 内 $y' < 0$, 所以函数 $y = e^x - x - 1$ 在 $(-\infty, 0]$ 上单调减少; 因为在 $(0, +\infty)$ 内 $y' > 0$, 所以函数 $y = e^x - x - 1$ 在 $(0, +\infty)$ 上单调增加.

例3 讨论函数 $y = \sqrt[3]{x^2}$ 的单调性.

解 函数的定义域为 $(-\infty, +\infty)$.

当 $x \neq 0$ 时, 函数的导数为

$$y' = \frac{2}{3\sqrt[3]{x}},$$

当 $x = 0$ 时, 函数的导数不存在. 所以在 $(-\infty, 0)$ 内, $y' < 0$, 因此函数 $y = \sqrt[3]{x^2}$ 在 $(-\infty, 0]$ 上单调减少; 在 $(0, +\infty)$ 内 $y' > 0$, 所以函数 $y = \sqrt[3]{x^2}$ 在 $[0, +\infty)$ 上单调增加.

函数的图形如图 3.4 所示.

例4 确定函数 $f(x) = 2x^3 - 9x^2 + 12x - 3$ 的单调性.

解 函数的定义域为 $(-\infty, +\infty)$. 求函数的导数:

$$f'(x) = 6x^2 - 18x + 12 = 6(x-1)(x-2),$$

解方程 $f'(x) = 0$, 即解

$$6(x-1)(x-2) = 0,$$

得出它在函数定义域 $(-\infty, +\infty)$ 内的两个根 $x_1 = 1, x_2 = 0$. 这两个根把 $(-\infty, +\infty)$ 分成三个区间 $(-\infty, 1), [1, 2]$ 及 $(2, +\infty)$.

在区间 $(-\infty, 1)$ 内, $x - 1 < 0, x - 2 < 0$, 所以 $f'(x) > 0$, 因此, 函数 $f(x)$ 在 $(-\infty, 1)$ 内单调增加; 在区间 $[1, 2]$ 内, $x - 1 > 0, x - 2 < 0$, 所以 $f'(x) < 0$, 因此, 函数 $f(x)$ 在 $[1, 2]$ 上单调减少; 在区间 $(2, +\infty)$ 内, $x - 1 > 0, x - 2 > 0$, 所以 $f'(x) > 0$, 因此, 函数 $f(x)$ 在 $(2, +\infty)$ 内单调增加. 函数图形如图 3.5 所示.

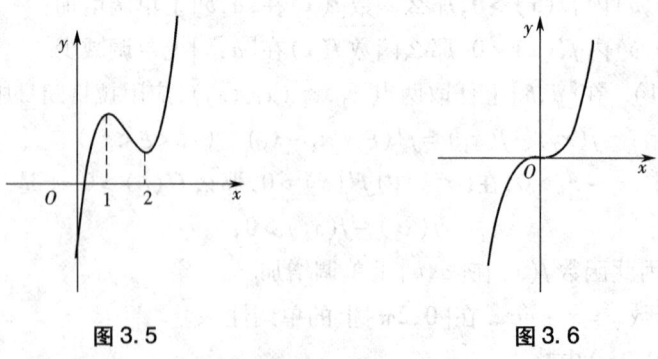

图 3.5   图 3.6

例5 讨论函数 $y = x^3$ 的单调性.

解 函数的定义域为 $(-\infty, +\infty)$.

函数的导数 $y' = 3x^2$. 显然, 除了点 $x = 0$ 使 $y' = 0$ 外, 在其余各点处均有 $y' > 0$. 因此函数 $y = x^3$ 在区间 $(-\infty, 0)$ 及 $(0, +\infty)$ 上都是单调增加的, 从而在整个定义域 $(-\infty, +\infty)$

内是单调增加的. 在 $x=0$ 处曲线有一水平切线. 函数的图形如图 3.6 所示.

例 6 证明:当 $x>1$ 时, $2\sqrt{x}>3-\dfrac{1}{x}$.

证明 令 $f(x)=2\sqrt{x}-\left(3-\dfrac{1}{x}\right)$,则

$$f'(x)=\dfrac{1}{\sqrt{x}}-\dfrac{1}{x^2}=\dfrac{x\sqrt{x}-1}{x^2},$$

又 $f(x)$ 在 $[1,+\infty)$ 上连续,在 $(1,+\infty)$ 内 $f'(x)>0$,因此在 $[1,+\infty)$ 上 $f(x)$ 单调增加,从而当 $x>1$ 时, $f(x)>f(1)$.

由于 $f(1)=0$,故 $f(x)>f(1)=0$,即

$$2\sqrt{x}-\left(3-\dfrac{1}{x}\right)>0,$$

亦即
$$2\sqrt{x}>3-\dfrac{1}{x}\quad(x>1).$$

习题 3-4

1. 判定函数 $f(x)=\arctan x-x$ 的单调性.
2. 判定函数 $f(x)=x+\cos x\ (0\leqslant x\leqslant 2\pi)$ 的单调性.
3. 确定下列函数的单调区间:

   (1) $y=2x^3-6x^2-18x-7$;
   (2) $y=2x+\dfrac{8}{x}\ (x>0)$;
   (3) $y=\dfrac{10}{4x^3-9x^2+6x}$;
   (4) $y=\ln(x+\sqrt{1+x^2})$;
   (5) $y=(x-1)(x+1)^3$;
   (6) $y=\sqrt[3]{(2x-a)(a-x)^2}\ (a>0)$;
   (7) $y=x^n\mathrm{e}^{-x}\ (n>0,x\geqslant 0)$;
   (8) $y=x+|\sin 2x|$.

4. 证明下列不等式:

   (1) 当 $x>0$ 时, $1+\dfrac{1}{2}x>\sqrt{1+x}$;
   (2) 当 $0<x<\dfrac{\pi}{2}$ 时, $\sin x+\tan x>2x$;
   (3) 当 $x>4$ 时, $2^x>x^2$.

5. 试证方程 $\sin x=x$ 只有一个实根.
6. 讨论方程 $\ln x=ax$(其中 $a>0$)有几个实根?
7. 单调函数的导函数是否必为单调函数? 研究下面这个例子: $f(x)=x+\sin x$.

第五节 函数的极值与最值

本节讨论函数的极值和最值问题,这是无论在数学领域还是在各专业领域都有重要应

用的问题.

一、函数的极值

在上节例 4 中我们看到,点 $x=1$ 及 $x=2$ 是函数
$$f(x)=2x^3-9x^2+12x-3$$
的单调区间的分界点. 例如,在点 $x=1$ 的左侧邻近,函数 $f(x)$ 是单调增加的;在点 $x=1$ 的右侧邻近,函数 $f(x)$ 是单调减少的. 因此,存在点 $x=1$ 的一个去心邻域,对于去心邻域内的任何一点 x, $f(x)<f(1)$ 均成立. 类似地,关于点 $x=2$,也存在一个去心邻域,对于去心邻域内的任何点 x, $f(x)>f(2)$ 均成立(见图 3.5). 具有这种性质的点如 $x=1$ 及 $x=2$,在应用上有着重要的意义,值得我们对此作一般性的讨论.

定义 1 设函数 $f(x)$ 在区间 (a,b) 内有定义,x_0 是 (a,b) 内的一个点. 如果对于点 x_0 的一个去心邻域内的任何一点 x,$f(x)<f(x_0)$ 均成立,则称 $f(x_0)$ 是函数 $f(x)$ 的一个极大值;如果对于点 x_0 的一个去心邻域内的任何点 x,$f(x)>f(x_0)$ 均成立,则称 $f(x_0)$ 是函数 $f(x)$ 的一个极小值.

函数的极大值与极小值统称为函数的极值,使函数取得极值的点称为极值点. 例如,上节例 4 中的函数
$$f(x)=2x^3-9x^2+12x-3$$
有极大值 $f(1)=2$ 和极小值 $f(2)=1$,点 $x=1$ 及 $x=2$ 是函数 $f(x)$ 的极值点.

函数的极值概念是局部性的. 也就是说,如果 $f(x_0)$ 是函数 $f(x)$ 的一个极值,它只是在 x_0 的一个局部范围内,并不一定是 $f(x)$ 的整个定义域的最值. 这一点一定要和函数的最值加以区分.

在图 3.7 中,函数 $f(x)$ 有两个极大值:$f(x_2)$,$f(x_5)$;三个极小值:$f(x_1)$,$f(x_4)$,$f(x_6)$,其中极大值 $f(x_2)$ 比极小值 $f(x_6)$ 还小. 就整个区间 $[a,b]$ 来说,只有一个极小值 $f(x_1)$ 同时是最小值,而没有一个极大值是最大值.

从图中还可以看到,在可导函数取得极值处,曲线上的切线是水平的. 但曲线上有水平切线的地方,函数不一定取得极值. 例如,图 3.7 中 $x=x_3$ 处,曲线上有水平切线,但 $f(x_3)$ 不是极值.

下面讨论函数取得极值的必要条件和充分条件.

定理 1(必要条件) 设函数 $f(x)$ 在点 x_0 处可导,且在 x_0 处取得极值,那么函数在点 x_0 处的导数为零,即 $f'(x_0)=0$.

使导数为零的点(即方程 $f'(x_0)=0$ 的实根)叫作函数的驻点. 定理 1 是说:可导函数 $f(x)$ 的极值点必定是它的驻点. 但反过来,函数的驻点却不一定是极值点. 例如,$f(x)=x^3$ 的导数 $f'(x)=3x^2$,$f'(0)=0$,因此 $x=0$ 是这可导函数的驻点,但 $x=0$ 却不是这函数的极值点. 因此,当求出了函数的驻点后,还需要判定求得的驻点是不是极值点. 如果是的话,还要判断函数在该点究竟取得极大值还是极小值. 下面利用定理 2 来判定函数的极值.

定理 2(第一充分条件) 设函数 $f(x)$ 在点 x_0 的一个邻域内可导,且 $f'(x_0)=0$.

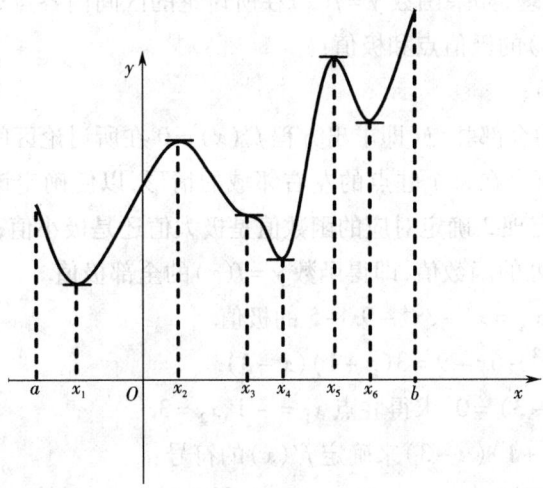

图 3.7

(1) 如果当 x 取 x_0 左侧邻近的值时,$f'(x_0)$ 恒为正;当 x 取 x_0 右侧邻近的值时,$f'(x_0)$ 恒为负,那么函数 $f(x)$ 在点 x_0 处取得极大值;

(2) 如果当 x 取 x_0 左侧邻近的值时,$f'(x_0)$ 恒为负;当 x 取 x_0 右侧邻近的值时,$f'(x_0)$ 恒为正,那么函数 $f(x)$ 在点 x_0 处取得极小值;

(3) 如果当 x 取 x_0 左右两侧邻近的值时,$f'(x_0)$ 恒为正或负,那么函数 $f(x)$ 在点 x_0 处没有极值.

具体情况如图 3.8 所示.

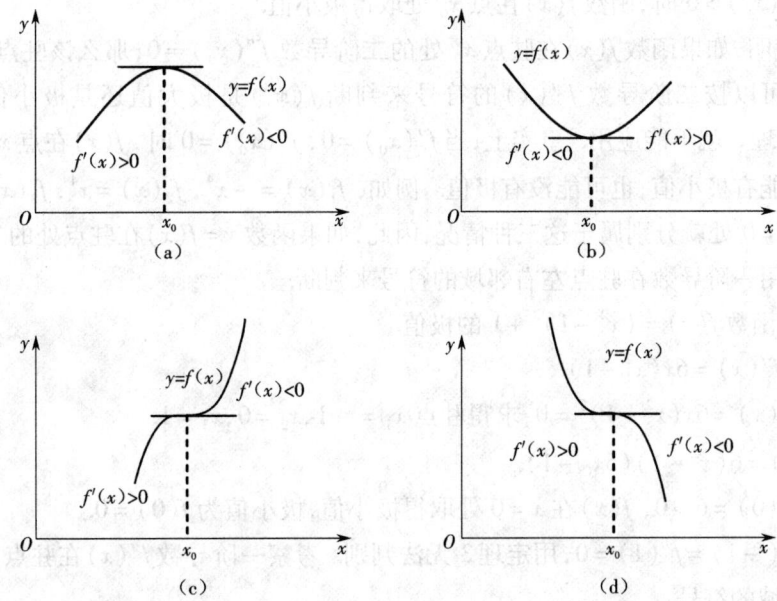

图 3.8

根据上面的两个定理,如果函数 $y=f(x)$ 在所讨论的区间内各点处都具有导数,就可以按下列步骤来求 $y=f(x)$ 的极值点和极值:

(1)求出导数 $f'(x)$;

(2)求出 $y=f(x)$ 的全部驻点(即求出方程 $f'(x)=0$ 在所讨论区间内的全部实根);

(3)考察 $f'(x)$ 的符号在每个驻点的左右邻域的情形,以便确定该驻点是否是极值点.如果是极值点,还要按定理 2 确定对应的函数值是极大值还是极小值;

(4)求出各极值点处的函数值,即得函数 $y=f(x)$ 的全部极值.

例 1 求出函数 $f(x)=x^3-3x^2-9x+5$ 的极值.

解 (1) $f'(x)=3x^2-6x-9=3(x+1)(x-3)$.

(2)令 $3(x+1)(x-3)=0$,求得驻点 $x_1=-1, x_2=3$.

(3)由 $f'(x)=3(x+1)(x-3)$ 来确定 $f'(x)$ 的符号:

当 x 在 -1 的左侧邻域时,$x+1<0, x-3<0$,所以 $f'(x)>0$;当 x 在 -1 的右侧邻域时,$x+1>0, x-3<0$,所以 $f'(x)<0$. 因而函数 $f(x)$ 在 $x=-1$ 处取得极大值.

同理,函数在 $x_2=3$ 处得极小值.

(4)算出极大值:$f(-1)=10$;极小值:$f(3)=-22$.

当函数 $y=f(x)$ 在驻点处的二阶导数存在且不为零时,也可以利用下列定理来判定 $y=f(x)$ 在驻点处取得极大值还是极小值.

定理 3(第二充分条件) 设函数 $y=f(x)$ 在点 x_0 处具有二阶导数,且 $f'(x_0)=0$, $f''(x_0)\neq 0$,那么

(1)当 $f''(x_0)<0$ 时,函数 $f(x)$ 在点 x_0 处取得极大值;

(2)当 $f''(x_0)>0$ 时,函数 $f(x)$ 在点 x_0 处取得极小值.

定理 3 表明,如果函数 $f(x)$ 在驻点 x_0 处的二阶导数 $f''(x_0)\neq 0$,那么该驻点 x_0 一定是极值点,并且可以按二阶导数 $f''(x)$ 的符号来判断 $f(x_0)$ 是极大值还是极小值. 但如果 $f''(x_0)=0$,定理 3 就不能应用. 事实上,当 $f'(x_0)=0, f''(x_0)=0$ 时,$f(x)$ 在点 x_0 处可能有极大值,也可能有极小值,也可能没有极值. 例如,$f_1(x)=-x^4, f_2(x)=x^4, f_3(x)=x^3$ 这三个函数在点 $x=0$ 处就分别属于这三种情况,因此,如果函数 $y=f(x)$ 在驻点处的二阶导数为零,那么还得用一阶导数在驻点左右邻域的符号来判断.

例 2 求函数 $f(x)=(x^2-1)^3+1$ 的极值.

解 (1) $f'(x)=6x(x^2-1)^2$.

(2)令 $f'(x)=6x(x^2-1)^2=0$,求得驻点 $x_1=-1, x_2=0, x_3=1$.

(3) $f''(x)=6(x^2-1)(5x^2-1)$.

(4)因 $f''(0)=6>0, f(x)$ 在 $x=0$ 处取得极小值,极小值为 $f(0)=0$.

(5)因 $f''(-1)=f''(1)=0$,用定理 3 无法判别. 考察一阶导数 $f'(x)$ 在驻点 $x_1=-1$ 及 $x_3=1$ 左右邻域的符号:

当 x 取 -1 左侧邻近的值时,$f'(x)<0$;当 x 取 -1 右侧邻近的值时,$f'(x)<0$;因为 $f'(x)$ 的符号没有改变,所以 $f(x)$ 在 $x=-1$ 处没有极值. 同理,$f(x)$ 在 $x=1$ 处也没有极值

(见图3.9).

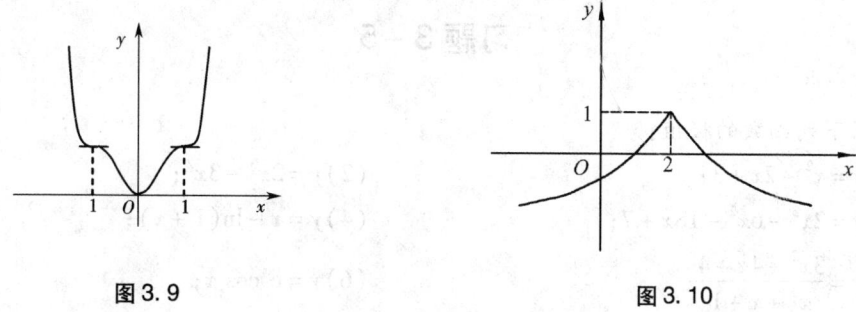

图3.9　　　　　　　　　图3.10

例3 求函数 $f(x)=1-(x-2)^{\frac{2}{3}}$ 的极值.

解 当 $x\neq 2$ 时,
$$f'(x)=-\frac{2}{3\sqrt[3]{x-2}},$$
当 $x=2$ 时,$f'(x)$ 不存在. 因此,当 $x\neq 2$ 时,即在 $(-\infty,2)$ 和 $(2,+\infty)$ 内的各点处,$f'(x)$ 都存在,且 $f'(x)\neq 0$. 那么 $f(x)$ 在这两个区间内没有极值点. 事实上,在 $(-\infty,2)$ 内,$f'(x)>0$,函数 $f(x)$ 单调增加;在 $(2,+\infty)$ 内,$f'(x)<0$,函数 $f(x)$ 单调减少.

当 $x=2$ 时,$f'(x)$ 不存在,但函数 $f(x)$ 在该点连续,再由上面得到的函数的单调性可知,$f(2)=1$ 是函数 $f(x)$ 的极大值. 函数的图形如图3.10所示.

二、函数的最大值与最小值

最值问题通常可归结为求某一函数(通常称为目标函数)在给定区间上的最大值或最小值问题.

假定函数 $f(x)$ 在闭区间 $[a,b]$ 上连续,由闭区间上连续函数的性质可知,$f(x)$ 在 $[a,b]$ 上的最大值和最小值一定存在.

注意可能的最值点是区间的端点,以及在区间内的极值点,因此为避免判断极值性,先求出 (a,b) 内所有可能的极值点(驻点以及不可导点),然后求出它们的函数值,再与 $f(a)$,$f(b)$ 进行比较,从而求出最值.

例4 求函数 $y=2x^3+3x^2-12x+14$ 在 $[-3,4]$ 上的最大值与最小值.

解 由 $f(x)=2x^3+3x^2-12x+14$ 得
$$f'(x)=6x^2+6x-12=6(x+2)(x-1),$$
解方程 $f'(x)=0$,得到 $x_1=-2,x_2=1$. 由于
$$f(-3)=2(-3)^3+3(-3)^2-12(-3)+14=23,$$
$$f(-2)=2(-2)^3+3(-2)^2-12(-2)+14=34,$$
$$f(1)=2+3-12+14=7,$$
$$f(4)=2\times 4^3+3\times 4^2-12\times 4+14=142,$$
比较可得 $f(x)$ 在 $x=4$ 处取得它在 $[-3,4]$ 上的最大值:$f(4)=142$;在 $x=1$ 处取得它在

$[-3,4]$ 上的最小值：$f(1)=7$.

习题 3-5

1. 求下列函数的极值：

(1) $y = x^2 - 2x + 3$；

(2) $y = 2x^3 - 3x^2$；

(3) $y = 2x^3 - 6x^2 - 18x + 7$；

(4) $y = x - \ln(1+x)$；

(5) $y = \dfrac{3x^2 + 4x + 4}{x^2 + x + 1}$；

(6) $y = e^x \cos x$；

(7) $y = 2e^x + e^{-x}$；

(8) $y = 2 - (x-1)^{\frac{2}{3}}$.

2. 试证明：如果函数 $f(x) = ax^3 + bx^2 + cx + d$ 满足条件 $b^2 - 3ac < 0$，那么这函数没有极值.

3. 试问 a 为何值时，函数 $f(x) = a\sin x + \dfrac{1}{3}\sin 3x$ 在 $x = \dfrac{\pi}{3}$ 处取得极值？它是极大值还是极小值？求此极值.

第六节 曲线的凹凸性与拐点、函数图形的描绘

一、曲线的凹凸性与拐点

在函数图形的研究中，仅有单调性与极值是不够的. 例如，图 3.11 中，两条曲线都是上升的，然而情形却明显不同：$\overset{\frown}{ACB}$ 是向上凸的，而 $\overset{\frown}{ADB}$ 是向下凹的，它们的凹凸性是不同的. 下面我们来研究函数的凹凸性.

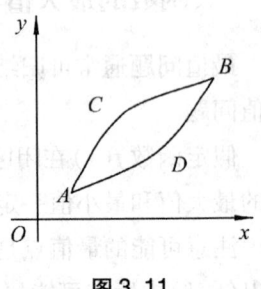

图 3.11

从几何上可以看到，在有的曲线弧上，如果任取两点，则连接这两点间的弦总位于这两点间的弧段的上方（见图 3.12(a)），而有的曲线弧，则正好相反（见图 3.12(b)）. 曲线的这种性质就是曲线的凹凸性. 下面给出曲线的凹凸性定义.

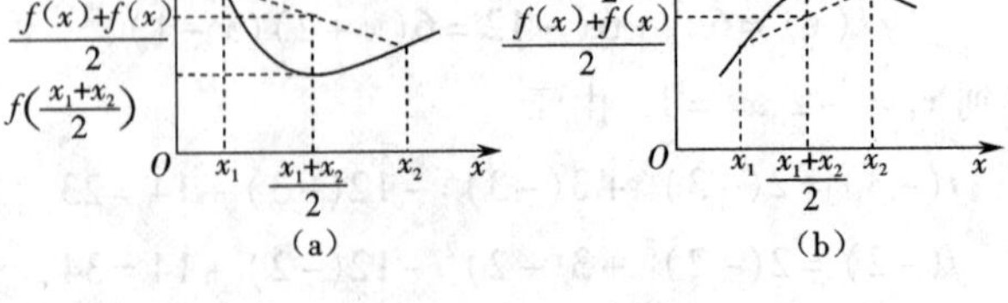

图 3.12

定义 1 设 $f(x)$ 在区间 I 上连续，如果对 I 上任意两点 x_1 和 x_2，$x_1 \neq x_2$，恒有

$$f\left(\frac{x_1+x_2}{2}\right) < \frac{f(x_1)+f(x_2)}{2},$$

则称 $f(x)$ 在 I 上的图形是(向下)凹的(或凹弧);如果恒有

$$f\left(\frac{x_1+x_2}{2}\right) > \frac{f(x_1)+f(x_2)}{2},$$

则称 $f(x)$ 在 I 上的**图形是(向上)凸的(或凸弧)**.

如果函数 $f(x)$ 在 I 内具有二阶导数,那么可以利用二阶导数的符号来判定曲线的凹凸性. 这就是下面的曲线凹凸性的判定定理.

定理1 设 $f(x)$ 在 $[a,b]$ 上连续,在 (a,b) 内具有一阶和二阶导数,那么
(1)若在 (a,b) 内 $f''(x) > 0$,则 $f(x)$ 在 $[a,b]$ 上的图形是凹的;
(2)若在 (a,b) 内 $f''(x) < 0$,则 $f(x)$ 在 $[a,b]$ 上的图形是凸的.

定义2 曲线上凹弧与凸弧的分界点称为拐点.

当 $f(x)$ 二阶可导时,在拐点 $(x_0, f(x_0))$ 处,$f''(x_0) = 0$,但是反过来,使 $f''(x_0) = 0$ 的点不一定是拐点.

例1 求 $y = x^4 - 2x^3 + 1$ 的凹凸性与拐点.

解 因为 $y' = 4x^3 - 6x^2$,则

$$y'' = 12x^2 - 12x = 12x(x-1),$$

所以当 $-\infty < x < 0$ 时,$y'' > 0$,曲线是凹弧;当 $0 < x < 1$ 时,$y'' < 0$,曲线是凸弧;当 $1 < x < +\infty$,$f'(x) < 0$,曲线是凹弧.

因此 $(0,1),(1,0)$ 是曲线的两个拐点.

求曲线凹凸区间和拐点的步骤为:
(1)求 $f''(x)$;
(2)解 $f''(x) = 0$ 及 $f''(x)$ 不存在的点 x_i;
(3)以 x_i 为分点将定义域 D 分为几个小区间;
(4)判别 $f''(x)$ 在各区间的符号;
(5)判别 $y = f(x)$ 在各个区间的凹凸性;
(6)判别 x_i 是否是拐点.

例2 讨论 $y = \sqrt[3]{x}$ 的凹凸性,并求其拐点.

解 因为

$$y' = \frac{1}{3}x^{-\frac{2}{3}}, \quad y'' = -\frac{2}{9}x^{-\frac{5}{3}}.$$

则当 $x = 0$ 时,一阶、二阶导数均不存在;当 $x < 0$ 时,$y'' > 0$,曲线是凹弧;当 $x > 0$ 时,$y'' < 0$,曲线是凸弧.

因此 $(0,0)$ 是曲线的一个拐点.

由上可知,如果 $f(x)$ 在点 x_0 处的二阶导数不存在,那么点 $(x_0, f(x_0))$ 也可能是曲线的拐点.

二、函数图形的描绘

借助于一阶导数 $f'(x)$ 可以确定曲线的升降性和极值点;借助于二阶导数 $f''(x)$ 可以确定曲线的凹凸性与拐点;再加上变化趋势,就可以确定函数的图形.所谓变化趋势一般有水平渐近线、垂直渐近线和无穷趋势三种.

现在我们可以应用前面所学的知识来描绘函数的图形,具体步骤如下:

(1)确定 $f(x)$ 的定义域 D,讨论其奇偶性及周期性;

(2)求出使 $f'(x)=0$, $f''(x)=0$ 的点,及 $f'(x)$, $f''(x)$ 不存在的点和间断点 x_i;

(3)以各 x_i 为分点,将 D 划分为若干个子区间,并列表讨论 $f'(x)$, $f''(x)$ 在各子区间内的符号,从而确定曲线 $f(x)$ 在各子区间的升降性、凹凸性、极值和拐点;

(4)讨论曲线 $f(x)$ 的渐近线及其他变化趋势;

(5)建立直角坐标系,描出曲线的几个特殊点,并作图形.

例3 作函数 $y=x^3-3x^2+6$ 的图形.

解 (1)函数的定义域为 $(-\infty,+\infty)$,而
$$y'=3x^2-6x=3x(x-2),\quad y''=6x-6=6(x-1).$$

(2)令 $y'=0$,得 $x_1=0$, $x_2=2$;令 $y''=0$,得 $x_3=1$.

(3)单调性、凹凸性、极值和拐点列表如下:

x	$(-\infty,0)$	0	$(0,1)$	1	$(1,2)$	2	$(2,+\infty)$
y'	+	0	−	−	−	0	+
y''	−	−	−	0	+	+	+
y	↗	6	↘	4	↘	2	↗

(4)变化趋势为:当 $x\to-\infty$ 时, $y\to-\infty$;当 $x\to+\infty$ 时, $y\to+\infty$;

(5)描点: $A(0,6)$, $B(1,4)$, $C(2,2)$.为了确定函数在 $(-\infty,0)$ 和 $(2,+\infty)$ 的图形,需增加辅助作图点 $D(-1,2)$、$E(3,6)$.

做出函数的图形,如图 3.13 所示.

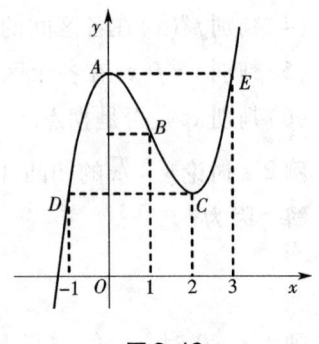

图 3.13

例4 作函数 $y=\dfrac{1}{\sqrt{2\pi}}\mathrm{e}^{-\frac{x^2}{2}}$ 的图形.

解 (1)函数的定义域为 $(-\infty,+\infty)$,而
$$y'=-\frac{x}{\sqrt{2\pi}}\mathrm{e}^{-\frac{x^2}{2}},\quad y''=\frac{1}{\sqrt{2\pi}}\mathrm{e}^{-\frac{x^2}{2}}(x^2-1).$$

(2)令 $y'=0$,得 $x_1=0$;令 $y''=0$,得 $x_2=1$, $x_3=-1$.

(3)单调性、凹凸性、极值和拐点列表如下:

x	$(-\infty,-1)$	-1	$(-1,0)$	0	$(0,1)$	1	$(1,+\infty)$
y'	+	+	+	0	−	−	−
y''	+	0	−	−	−	0	+
y	↗	拐点 $\left(-1,\dfrac{1}{\sqrt{2\pi\mathrm{e}}}\right)$	↗	极大值 $\dfrac{1}{\sqrt{2\pi}}$	↘	拐点 $\left(1,\dfrac{1}{\sqrt{2\pi\mathrm{e}}}\right)$	↘

(4) 变化趋势：因为 $\lim\limits_{x\to\infty} y = 0$，所以水平渐近线 $y=0$.

(5) 描点：$A\left(-1,\dfrac{1}{\sqrt{2\pi\mathrm{e}}}\right)$, $B\left(0,\dfrac{1}{\sqrt{2\pi}}\right)$, $C\left(1,\dfrac{1}{\sqrt{2\pi\mathrm{e}}}\right)$.

做出函数的图形，如图 3.14 所示.

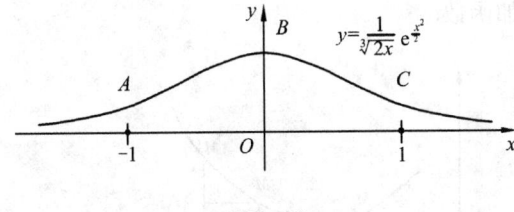

图 3.14

习题 3-6

1. 判定下列曲线的凹凸性：

(1) $y = 4x - x^2$；　　　　(2) $y = x\arctan x$.

2. 求下列函数图形的拐点及凹凸区间：

(1) $y = x^3 - 5x^2 + 3x + 5$；　　(2) $y = x\mathrm{e}^{-x}$；

(3) $y = (x+1)^4 + \mathrm{e}^x$；　　　(4) $y = \ln(x^2+1)$.

3. 求下列曲线的拐点：

(1) $x = t^2, y = 3t + t^3$；　　　(2) $x = 2a\cot\theta, y = 2a\sin^2\theta$.

4. 问 a,b 为何值时，点 $(1,3)$ 为曲线 $y = ax^3 + bx^2$ 的拐点？

5. 试确定曲线 $y = ax^3 + bx^2 + cx + d$，使得 $x = -2$ 处曲线有水平切线，$(1,-10)$ 为拐点，且点 $(-2,44)$ 在曲线上.

6. 试确定 $y = k(x^2-3)^2$ 中 k 的值，使曲线在拐点处的法线通过原点.

7. 描绘下列函数的图形：

(1) $y = \dfrac{1}{5}(x^4 - 6x^2 + 8x + 7)$；　　(2) $y = x^2 + \dfrac{1}{x}$.

第七节 曲 率

一、弧微分

作为曲率的预备知识,先介绍弧微分的概念.

设函数 $f(x)$ 在区间 (a,b) 内具有连续导数. 在曲线 $y=f(x)$ 上取固定点 $M_0(x_0, y_0)$ 作为度量弧长的基点(见图 3.15),并规定以 x 增大的方向作为曲线的正向. 对曲线上任一点 $M(x,y)$,规定有向弧段 $\overparen{M_0M}$ 的值 s(简称为弧 s)如下:s 的绝对值等于这弧段的长度,当有向弧段 $\overparen{M_0M}$ 的方向与曲线的正向一致时,$s>0$;相反时,$s<0$. 显然,弧 $s=\overparen{M_0M}$ 是 x 的函数:
$$s = s(x),$$
其中 $s(x)$ 是 x 的单调增加函数.

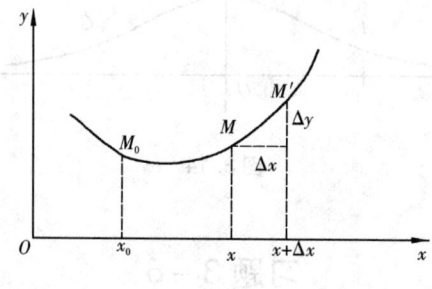

图 3.15

下面给出 $s(x)$ 的导数及弧微分公式.
$$\frac{\mathrm{d}s}{\mathrm{d}x} = \sqrt{1 + y'^2}, \quad \mathrm{d}s = \sqrt{1 + y'^2}\,\mathrm{d}x.$$

二、曲率及其计算公式

我们直觉地认识到:直线不弯曲,半径较小的圆弯曲得比半径较大的圆厉害些,而其他曲线有不同的弯曲程度. 例如,抛物线 $y=x^2$ 在顶点附近弯曲得比远离顶点的部分厉害些.

下面讨论如何用数量来描述曲线的弯曲程度.

在图 3.16 中可以看出,弧段 $\overparen{M_1M_2}$ 比较平直,当动点沿这段弧从 M_1 移动到 M_2 时,切线转过的角度 φ_1 不大. 而弧段 $\overparen{M_2M_3}$ 弯曲得比较厉害,角 φ_2 就比较大.

但是,切线转过角度的大小还不能完全反映曲线弯曲的程度. 例如,从图 3.17 中可以看出,两端曲线弧 $\overparen{M_1M_2}$ 及 $\overparen{N_1N_2}$,尽管其切线转过的角度都是 φ,然而弯曲程度并不相同:短弧段比长弧段弯曲得厉害些. 由此可见,曲线弧的弯曲程度还与弧段的长度有关.

按上面的分析,下面给出描述曲线弯曲程度的曲率概念.

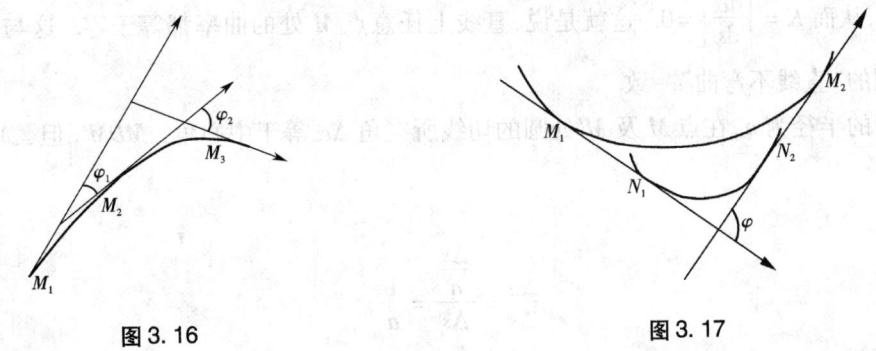

图 3.16　　　　　　　　　图 3.17

设曲线 C 是光滑的, 再在曲线 C 上选定一点 M_0 作为度量弧 s 的基点, 设曲线上点 M 对应于弧 s, 在点 M 处切线的倾角为 α(这里假定曲线 C 所在的平面上已设立了 xOy 坐标系). 曲线上另一点 M' 对应于弧 $s + \Delta s$, 在点 M' 处切线的倾角为 $\alpha + \Delta\alpha$(见图 3.18), 那么, 弧段 $\widehat{MM'}$ 的长度为 $|\Delta s|$, 当动点从 M 移动到 M' 时切线转过的角度为 $|\Delta\alpha|$.

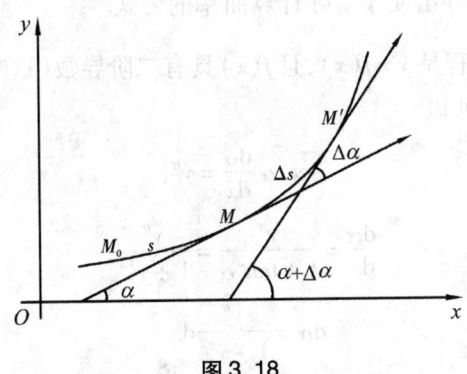

图 3.18

我们用比值 $\dfrac{|\Delta\alpha|}{|\Delta s|}$, 即单位弧段上切线转过的角度的大小来表达弧段 MM' 的平均弯曲程度. 把这比值叫作弧段 MM' 的**平均曲率**, 并记作 $\bar{K}$, 即

$$\bar{K} = \frac{|\Delta\alpha|}{|\Delta s|}.$$

类似于从平均速度引进瞬时速度的方法, 当 $\Delta s \to 0$ 时(即 $M' \to M$ 时), 上述平均曲率的极限叫曲线 C 在点 M 处的曲率, 记作 K, 即

$$K = \lim_{\Delta s \to 0} \frac{|\Delta\alpha|}{|\Delta s|}.$$

在 $\lim\limits_{\Delta s \to 0} \dfrac{\Delta\alpha}{\Delta s} = \dfrac{\mathrm{d}\alpha}{\mathrm{d}s}$ 存在的条件下, K 也可以表示为

$$K = \left|\frac{\mathrm{d}\alpha}{\mathrm{d}s}\right|.$$

下面通过两个具体的例子来探讨曲率对弯曲程度的描述:

对直线来说, 切线与直线本身重合. 当点在直线上移动时, 切线的倾角 α 不变, 即 $\Delta\alpha =$

$0, \dfrac{\Delta \alpha}{\Delta s}=0$,从而 $K=\left|\dfrac{\mathrm{d}\alpha}{\mathrm{d}s}\right|=0$. 这就是说,直线上任意点 M 处的曲率都等于零. 这与我们直觉认识到的"直线不弯曲"一致.

设圆的半径为 a,在点 M 及 M' 处圆的切线所夹角 $\Delta\alpha$ 等于中心角 $\angle MDM'$. 但 $\angle MDM' = \dfrac{\Delta s}{a}$,于是

$$\dfrac{\Delta \alpha}{\Delta s} = \dfrac{\dfrac{\Delta s}{a}}{\Delta s} = \dfrac{1}{a},$$

从而
$$K = \left|\dfrac{\mathrm{d}\alpha}{\mathrm{d}s}\right| = \dfrac{1}{a}.$$

因为点 M 是圆上任意取定的一点,则上述结论表示圆上各点处的曲率都等于半径 a 的倒数 $\dfrac{1}{a}$. 这就是说,圆的弯曲程度到处一样,且半径越小曲率越大,即弯曲得越厉害.

下面根据 $K=\left|\dfrac{\mathrm{d}\alpha}{\mathrm{d}s}\right|$ 来导出便于实际计算曲率的公式.

设曲线的直角坐标方程是 $y=f(x)$,且 $f(x)$ 具有二阶导数(这时 $f'(x)$ 连续,从而曲线是光滑的). 因为 $\tan\alpha = y'$,所以

$$\sec^2\alpha \dfrac{\mathrm{d}\alpha}{\mathrm{d}x} = y'',$$

即
$$\dfrac{\mathrm{d}\alpha}{\mathrm{d}x} = \dfrac{y''}{1+\tan^2\alpha} = \dfrac{y''}{1+y'^2},$$

于是
$$\mathrm{d}\alpha = \dfrac{y''}{1+y'^2}\mathrm{d}x.$$

又由 $\mathrm{d}s = \sqrt{1+y'^2}\,\mathrm{d}x$,可得

$$K = \dfrac{|y''|}{(1+y'^2)^{\frac{3}{2}}}.$$

若曲线由参数方程 $\begin{cases} x=\varphi(t) \\ y=\psi(t) \end{cases}$ 给出,则曲线的曲率公式为

$$K = \dfrac{|\varphi'(t)\psi''(t)-\varphi''(t)\psi'(t)|}{[\varphi'^2(t)+\psi'^2(t)]^{\frac{3}{2}}}.$$

例 1 计算等边双曲线 $xy=1$ 在点 $(1,1)$ 处的曲率.

解 由 $y=\dfrac{1}{x}$,得

$$y' = -\dfrac{1}{x^2},\quad y'' = \dfrac{2}{x^3},$$

因此,$y'|_{x=1} = -1$,$y''|_{x=1} = 2$. 把它们代入公式,便得曲线 $xy=1$ 在点 $(1,1)$ 处的曲率

$$K = \dfrac{2}{[1+(-1)^2]^{\frac{3}{2}}} = \dfrac{1}{\sqrt{2}} = \dfrac{\sqrt{2}}{2}.$$

例2 抛物线 $y = ax^2 + bx + c$ 上哪一点处的曲率最大?

解 由 $y = ax^2 + bx + c$,得
$$y' = 2ax + b, \quad y'' = 2a,$$
代入公式,得
$$K = \frac{|2a|}{[1 + (2ax + b)^2]^{\frac{3}{2}}}.$$
因为 K 的分子是常数 $|2a|$,所以只要分母最小,K 就最大. 容易看出,当 $2ax + b = 0$,即 $x = -\frac{b}{2a}$ 时,K 的分母最小,因而 K 有最大值 $|2a|$. 而 $x = -\frac{b}{2a}$ 所对应的点为抛物线的顶点. 因此,抛物线在顶点处的曲率最大.

在有些实际问题中,$|y'|$ 同 1 比较起来是很小的(有的工程技术书上记为 $|y'| \ll 1$),可以忽略不计. 这时,由
$$1 + y'^2 \approx 1,$$
则曲率的近似计算公式为
$$K = \frac{|y''|}{(1 + y'^2)^{\frac{3}{2}}} \approx |y''|.$$
这就是说,当 $|y'| \ll 1$ 时,曲率 K 近似于 $|y''|$. 经过这样简化之后,对一些复杂问题的计算和讨论就方便多了.

三、曲率圆与曲率半径

设曲线 $y = f(x)$ 在点 $M(x, y)$ 处的曲率为 K ($K \neq 0$),在点 M 处的曲线的法线上,在凹的一侧取一点 D,使 $|DM| = \frac{1}{K} = \rho$,则以 D 为圆心,在点 M 处的 ρ 为半径作圆(见图 3.19),这个圆叫作曲线在点 M 处的**曲率圆**,曲率圆的圆心叫作曲线在点 M 处的**曲率中心**,曲率圆的半径 ρ 叫作曲线在点 M 处的**曲率半径**.

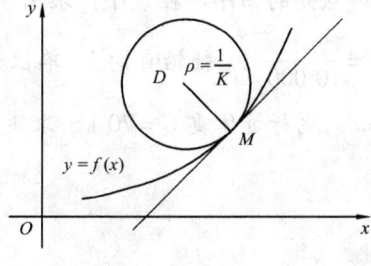

图 3.19

按上述规定可知,曲率圆与曲线在点 M 处有相同的切线和曲率,且在点 M 邻近有相同的凹向. 因此,在实际问题中,常常用曲率在点 M 邻近的一段圆弧来近似代替曲线弧,以使问题简化.

按上述规定,曲线在点 M 处的曲率 K ($K \neq 0$) 与曲线在点 M 处的曲率半径 ρ 有如下关系:

$$\rho = \frac{1}{K}, \quad K = \frac{1}{\rho}.$$

这就是说:曲线上一点处的曲率半径与曲线在该点处的曲率互为倒数.

例 3 设工件内表面的截线为抛物线 $y = 0.4x^2$(见图 3.20).现在要用砂轮磨削其内表面,问用直径多大的砂轮才比较合适?

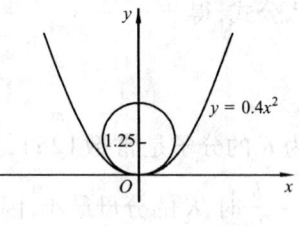

图 3.20

解 为了在磨削时不使砂轮与工件接触处附近的那部分工件磨去太多,砂轮的半径应不大于抛物线上各点处曲率半径中的最小值.由本节例 2 知道,抛物线在其顶点处的曲率最大.也就是说,抛物线在其顶点处的曲率半径最小.因此,只要求出抛物线 $y = 0.4x^2$ 在顶点 $O(0,0)$ 处的曲率半径即可.由

$$y' = 0.8x, \quad y'' = 0.8$$

则 $y'|_{x=0} = 0$,$y''|_{x=0} = 0.8$.把它们代入公式

$$K = \frac{|y''|}{(1+y'^2)^{\frac{3}{2}}},$$

得 $K = 0.8$.因此抛物线顶点处的曲率半径为

$$\rho = \frac{1}{K} = 1.25.$$

所以选用砂轮的半径不得超过 1.25 单位长,即直径不得超过 2.50 单位长.

习题 3-7

1. 求椭圆 $4x^2 + y^2 = 4$ 在点 $(0,2)$ 处的曲率.
2. 求曲线 $y = \ln(\sec x)$ 在点 (x,y) 处的曲率及曲率半径.
3. 求抛物线 $y = x^2 - 4x + 3$ 在其顶点处的曲率及曲率半径.
4. 对数曲线 $y = \ln x$ 上哪一点处的曲率半径最小?求出该点处的曲率半径.
5. 一飞机沿抛物线路径 $y = \frac{x^2}{10\,000}$(y 轴铅直向上,单位为 m)作俯冲飞行.在坐标原点 O 处飞机的速度为 $v = 200$ m/s,飞行员体重 $G = 70$ kg,求飞机俯冲至最低点即原点 O 处时,座椅对飞行员的反力.

第四章 不定积分

在微分学中,我们讨论了函数的求导运算问题. 本章将讨论它的逆问题,即要寻求一个函数,使它的导数等于已知函数. 这是微积分的基本问题之一.

第一节 不定积分的概念与性质

一、原函数与不定积分的概念

定义 1 如果在区间 I 上有
$$F'(x) = f(x) \quad (\text{或 } dF(x) = f(x)dx),$$
则称 $F(x)$ 为 $f(x)$ 在区间 I 上的一个原函数.

例如,由于 $\left(\dfrac{1}{2}x^2\right)' = x$,则 $\dfrac{1}{2}x^2$ 是 x 在 $(-\infty, +\infty)$ 上的一个原函数;又由于 $\sin' x = \cos x$,所以 $\sin x$ 是 $\cos x$ 的一个原函数.

对于原函数通常要解决以下两个重要问题:

(1) 原函数是否存在? 如果存在,是否唯一?

(2) 若原函数存在,怎样求出其表达式?

对于第一个问题,我们用下面的定理解决. 至于第二个问题,其解答则是本章接下来要介绍的各种积分方法.

定理 1(原函数存在定理) 如果函数 $f(x)$ 在区间 I 上连续,则 $f(x)$ 存在原函数 $F(x)$ 使得
$$F'(x) = f(x)$$

这个定理将在下一章中证明. 通过该定理可以知道初等函数在定义区间内都存在原函数.

定理 2 设 $F(x)$ 是 $f(x)$ 在区间 I 上的一个原函数,则

(1) $F(x) + C$ 也是 $f(x)$ 的原函数,其中 C 为任一常数;

(2) $f(x)$ 在 I 上的任意两个原函数间仅相差一个常数.

证明 (1) 这是因为
$$[F(x) + C]' = F(x)' = f(x), \quad x \in I.$$

(2) 设 $F(x)$ 和 $G(x)$ 是 $f(x)$ 在 I 上的任意两个原函数,则
$$[F(x) - G(x)]' = F'(x) - G'(x) = f(x) - f(x) = 0, \quad x \in I.$$

由拉格朗日中值定理的推论得

$$F(x) - G(x) \equiv C, \; x \in I.$$

从上述定理可以看到,当 $f(x)$ 存在原函数时,就有无数多个原函数.而这些原函数都可以用其中一个原函数表示出来,即若 $F(x)$ 是 $f(x)$ 的一个原函数,那么 $f(x)$ 的全体原函数可表示为

$$F(x) + C,$$

其中 C 为任意常数.

定义 2 在区间 I 上 $f(x)$ 的全体原函数,称为 $f(x)$ 在区间 I 上的不定积分,记为

$$\int f(x) \, \mathrm{d}x,$$

其中 $f(x)$ 称为被积函数,$f(x)\mathrm{d}x$ 称为被积表达式,x 称为积分变量.

显然,如果 $F(x)$ 是 $f(x)$ 的一个原函数,则有

$$\int f(x) \, \mathrm{d}x = F(x) + C$$

其中 C 为任意常数,并且满足下列性质:

$$\frac{\mathrm{d}}{\mathrm{d}x}\left[\int f(x) \, \mathrm{d}x\right] = f(x) \quad \text{或} \quad \mathrm{d}\left[\int f(x) \, \mathrm{d}x\right] = f(x) \, \mathrm{d}x,$$

以及

$$\int F'(x) \, \mathrm{d}x = F(x) + C \quad \text{或} \quad \int \mathrm{d}F(x) = F(x) + C.$$

可见积分运算与微分运算是互逆的.

二、不定积分的几何意义

若 $F(x)$ 为 $f(x)$ 的一个原函数,则称 $y = F(x)$ 的图象为 $f(x)$ 的一条积分曲线.因此 $f(x)$ 的不定积分在几何上表示由 $f(x)$ 的一条积分曲线沿纵轴方向任意平移得到的一族曲线,并且每条曲线在相同横坐标处的切线相互平行.

例如,$\int 3x^2 \, \mathrm{d}x = x^3 + C$,那么 $\int 3x^2 \, \mathrm{d}x$ 表示由积分曲线 $y = x^3$ 在纵轴方向任意平移得到的一族曲线(见图 4.1).

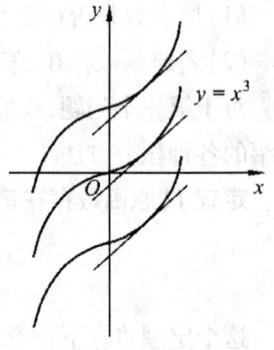

图 4.1

三、不定积分的线性性质

设 $f(x)$ 和 $g(x)$ 都存在原函数,则有

(1) $\int [f(x) \pm g(x)] \, \mathrm{d}x = \int f(x) \, \mathrm{d}x \pm \int g(x) \, \mathrm{d}x.$

(2) $\int kf(x) \, \mathrm{d}x = k \int f(x) \, \mathrm{d}x.$

四、基本积分表

既然积分运算与微分运算是互逆的,那么由导数公式便可得到相应的积分公式.例如,

$\left(\dfrac{x^{\mu+1}}{\mu+1}\right)' = x^\mu$,则 $\int x^\mu \mathrm{d}x = \dfrac{x^{\mu+1}}{\mu+1} + C$ $(\mu \neq -1)$.

因此有以下基本积分表：

(1) $\int k\mathrm{d}x = kx + C$ （k 是常数）； (2) $\int x^\mu \mathrm{d}x = \dfrac{x^{\mu+1}}{\mu+1} + C$ $(\mu \neq -1)$；

(3) $\int \dfrac{\mathrm{d}x}{x} = \ln|x| + C$； (4) $\int \dfrac{1}{1+x^2}\mathrm{d}x = \arctan x + C$；

(5) $\int \dfrac{1}{\sqrt{1-x^2}}\mathrm{d}x = \arcsin x + C$； (6) $\int \cos x \mathrm{d}x = \sin x + C$；

(7) $\int \sin x \mathrm{d}x = -\cos x + C$； (8) $\int \dfrac{\mathrm{d}x}{\cos^2 x} = \int \sec^2 x \mathrm{d}x = \tan x + C$；

(9) $\int \dfrac{\mathrm{d}x}{\sin^2 x} = \int \csc^2 x \mathrm{d}x = -\cot x + C$； (10) $\int \sec x \tan x \mathrm{d}x = \sec x + C$；

(11) $\int \csc x \cot x \mathrm{d}x = -\csc x + C$； (12) $\int \mathrm{e}^x \mathrm{d}x = \mathrm{e}^x + C$；

(13) $\int a^x \mathrm{d}x = \dfrac{a^x}{\ln a} + C$； (14) $\int \mathrm{sh}\, x \mathrm{d}x = \mathrm{ch}\, x + C$；

(15) $\int \mathrm{ch}\, x \mathrm{d}x = \mathrm{sh}\, x + C$.

例 1 求 $\int \dfrac{(2x-1)^2}{\sqrt{x}}\mathrm{d}x$.

解 $\int \dfrac{(2x-1)^2}{\sqrt{x}}\mathrm{d}x = \int (4x^{\frac{3}{2}} - 4x^{\frac{1}{2}} + x^{-\frac{1}{2}})\mathrm{d}x = \dfrac{8}{5}x^{\frac{5}{2}} - \dfrac{8}{3}x^{\frac{3}{2}} + 2x^{\frac{1}{2}} + C$

$\qquad = \dfrac{8}{5}x^2\sqrt{x} - \dfrac{8}{3}x\sqrt{x} + 2\sqrt{x} + C.$

例 2 求 $\int \dfrac{5^x - 2^x}{3^x}\mathrm{d}x$.

解 $\int \dfrac{5^x - 2^x}{3^x}\mathrm{d}x = \int \left[\left(\dfrac{5}{3}\right)^x - \left(\dfrac{2}{3}\right)^x\right]\mathrm{d}x = \dfrac{\left(\dfrac{5}{3}\right)^x}{\ln \dfrac{5}{3}} - \dfrac{\left(\dfrac{2}{3}\right)^x}{\ln \dfrac{2}{3}} + C.$

例 3 求 $\int \dfrac{\mathrm{d}x}{x^2(1+x^2)}$.

解 因为

$$\dfrac{1}{x^2(1+x^2)} = \dfrac{1}{x^2} - \dfrac{1}{1+x^2},$$

所以

$$\int \dfrac{\mathrm{d}x}{x^2(1+x^2)} = \int \left(\dfrac{1}{x^2} - \dfrac{1}{1+x^2}\right)\mathrm{d}x = -\dfrac{1}{x} - \arctan x + C.$$

例 4 求 $\int \dfrac{x^6}{x^2+1}\mathrm{d}x$.

解 因为

$$\frac{x^6}{x^2+1} = \frac{(x^6+1)-1}{x^2+1} = x^4 - x^2 + 1 - \frac{1}{x^2+1},$$

所以

$$\int \frac{x^6}{x^2+1} dx = \int \left(x^4 - x^2 + 1 - \frac{1}{x^2+1}\right) dx = \frac{x^5}{5} - \frac{x^3}{3} + x - \arctan x + C.$$

例 5 求 $\int \frac{1}{\sin^2 x \cos^2 x} dx$.

解 因为

$$\frac{1}{\sin^2 x \cos^2 x} = \frac{\sin^2 x + \cos^2 x}{\sin^2 x \cos^2 x} = \sec^2 x + \csc^2 x$$

所以

$$\int \frac{1}{\sin^2 x \cos^2 x} dx = \int (\sec^2 x + \csc^2 x) dx = \tan x - \cot x + C.$$

例 6 求 $\int \tan^2 x dx$.

解 $\int \tan^2 x dx = \int (\sec^2 x - 1) dx = \tan x - x + C.$

习题 4−1

1. 求下列不定积分：

(1) $\int \frac{x^2}{1+x^2} dx$;

(2) $\int \frac{2 \cdot 3^x - 5 \cdot 2^x}{3^x} dx$;

(3) $\int \cos^2 \frac{x}{2} dx$;

(4) $\int \frac{\cos 2x}{\cos^2 x \sin^2 x} dx$;

(5) $\int \left(1 - \frac{1}{x^2}\right) \sqrt{x\sqrt{x}} dx$;

(6) $\int \frac{x^2 + \sin^2 x}{x^2 + 1} \sec^2 x dx$.

2. 一曲线通过点 $(e^2, 3)$，且在任一点处的切线的斜率等于该点横坐标的倒数，求该曲线的方程.

3. 证明：函数 $\frac{1}{2}e^{2x}$、$e^x \text{sh } x$ 和 $e^x \text{ch } x$ 都是 $\frac{e^x}{\text{ch } x - \text{sh } x}$ 的原函数.

第二节 换元积分法

仅用基本积分表与积分的性质，很多不定积分是不易计算的. 因此需要进一步研究求积分的方法.

由复合函数的求导方法，可以得到不定积分换元法. 换元法通常分为两类：

第一类是引入中间量 $u = \varphi(x)$，将原积分换为以 u 为积分变量的积分，即

$$\int f[\varphi(x)]\varphi'(x)\mathrm{d}x = \int f(u)\mathrm{d}u = F(u) + C = F[\varphi(x)] + C,$$

其中 $u = \varphi(x)$ 可导.

第二类是把积分变量 x 作为中间变量,引入自变量 t,作变换 $x = \varphi(t)$,再将原积分换为以 t 为积分变量的积分,即

$$\int f(x)\mathrm{d}x = \int f[\varphi(t)]\varphi'(t)\mathrm{d}t = \Phi(t) + C = \Phi[\varphi^{-1}(x)] + C,$$

其中 $x = \varphi(t)$ 单调可导且 $\varphi'(t) \neq 0$,而 $f[\varphi(t)]\varphi'(t)$ 存在原函数.

不管是哪一类换元法,目的都是将不容易计算的积分转化为容易计算的积分.

一、第一换元积分法应用举例

例1 求 $\int \mathrm{e}^{3x}\mathrm{d}x$.

解 e^{3x} 是一个复合函数,设中间变量 $u = 3x$,则 $\mathrm{d}u = \mathrm{d}(3x) = 3\mathrm{d}x$,即 $\mathrm{d}x = \frac{1}{3}\mathrm{d}u$,则

$$\int \mathrm{e}^{3x}\mathrm{d}x = \int \mathrm{e}^u \cdot \frac{1}{3}\mathrm{d}u = \frac{1}{3}\mathrm{e}^u + C = \frac{1}{3}\mathrm{e}^{3x} + C.$$

例2 求 $\int \cos 2x\mathrm{d}x$.

解 令 $u = 2x$,则 $\mathrm{d}u = 2\mathrm{d}x$,则

$$\int \cos 2x\mathrm{d}x = \int \cos u \cdot \frac{1}{2}\mathrm{d}u = \frac{1}{2}\sin u + C = \frac{1}{2}\sin 2x + C.$$

例3 求 $\int (3x-2)^5\mathrm{d}x$.

解 设 $u = 3x - 2$,则 $\mathrm{d}u = 3\mathrm{d}x$,则

$$\int (3x-2)^5\mathrm{d}x = \int u^5 \cdot \frac{1}{3}\mathrm{d}u = \frac{1}{18}u^6 + C = \frac{1}{18}(3x-2)^6 + C.$$

在计算中,如果不写出中间量 u,在被积表达式中直接凑出一个函数的微分,即中间量 u 的微分,进而求出微分的方法,称为凑微分法. 如上述例3可以这样解:

$$\int (3x-2)^5\mathrm{d}x = \int (3x-2)^5 \cdot \frac{1}{3}\mathrm{d}(3x-2) = \frac{1}{18}(3x-2)^6 + C.$$

常见的凑微分形式有:

(1) $\mathrm{d}x = \frac{1}{a}\mathrm{d}(ax+b)$; (2) $x^{n-1}\mathrm{d}x = \frac{1}{n}\mathrm{d}(x^n)$;

(3) $\frac{\mathrm{d}x}{x} = \mathrm{d}(\ln|x|) = \ln a\mathrm{d}(\log_a|x|)$; (4) $\mathrm{e}^x\mathrm{d}x = \mathrm{d}(\mathrm{e}^x)$;

(5) $a^x\mathrm{d}x = \frac{1}{\ln a}\mathrm{d}(a^x)$; (6) $\cos x\mathrm{d}x = \mathrm{d}(\sin x)$;

(7) $\sin x\mathrm{d}x = -\mathrm{d}(\cos x)$; (8) $\frac{\mathrm{d}x}{\cos^2 x} = \sec^2 x\mathrm{d}x = \mathrm{d}(\tan x)$;

(9) $\dfrac{\mathrm{d}x}{\sin^2 x} = \csc^2 x\,\mathrm{d}x = -\mathrm{d}(\cot x)$; (10) $\dfrac{\mathrm{d}x}{\sqrt{1-x^2}} = \mathrm{d}(\arcsin x) = -\mathrm{d}(\arccos x)$;

(11) $\dfrac{\mathrm{d}x}{1+x^2} = \mathrm{d}(\arctan x) = -\mathrm{d}(\operatorname{arccot} x)$.

例4 求 $\displaystyle\int \dfrac{\mathrm{d}x}{\sqrt{a^2-x^2}}$ $(a>0)$.

解 $\displaystyle\int \dfrac{\mathrm{d}x}{\sqrt{a^2-x^2}} = \int \dfrac{1}{\sqrt{1-\left(\dfrac{x}{a}\right)^2}}\,\mathrm{d}\left(\dfrac{x}{a}\right) = \arcsin \dfrac{x}{a} + C.$

例5 求 $\displaystyle\int \dfrac{\mathrm{d}x}{a^2+x^2}$ $(a>0)$.

解 $\displaystyle\int \dfrac{\mathrm{d}x}{a^2+x^2} = \dfrac{1}{a}\int \dfrac{1}{1+\left(\dfrac{x}{a}\right)^2}\,\mathrm{d}\left(\dfrac{x}{a}\right) = \dfrac{1}{a}\arctan \dfrac{x}{a} + C.$

例6 求 $\displaystyle\int \dfrac{\mathrm{d}x}{x^2-x-12}$.

解 因为

$$\dfrac{1}{x^2-x-12} = \dfrac{1}{7} \cdot \dfrac{(x+3)-(x-4)}{(x+3)(x-4)} = \dfrac{1}{7}\left(\dfrac{1}{x-4} - \dfrac{1}{x+3}\right),$$

所以

$$\int \dfrac{\mathrm{d}x}{x^2-x-12} = \dfrac{1}{7}\int \dfrac{\mathrm{d}(x-4)}{x-4} - \dfrac{1}{7}\int \dfrac{\mathrm{d}(x+3)}{x+3} = \dfrac{1}{7}\ln\left|\dfrac{x-4}{x+3}\right| + C.$$

例7 求 $\displaystyle\int \dfrac{\mathrm{d}x}{4x^2+4x+17}$.

解 $\displaystyle\int \dfrac{\mathrm{d}x}{4x^2+4x+17} = \int \dfrac{\mathrm{d}x}{16+(2x+1)^2} = \dfrac{1}{8}\int \dfrac{1}{1+\left(\dfrac{2x+1}{4}\right)^2}\,\mathrm{d}\left(\dfrac{2x+1}{4}\right)$

$= \dfrac{1}{8}\arctan\left(\dfrac{x}{2}+\dfrac{1}{4}\right) + C$

例8 求 $\displaystyle\int \dfrac{\mathrm{d}x}{9x^2+12x+4}$.

解 $\displaystyle\int \dfrac{\mathrm{d}x}{9x^2+12x+4} = \dfrac{1}{3}\int \dfrac{\mathrm{d}(3x+2)}{(3x+2)^2} = -\dfrac{1}{3(3x+2)} + C.$

注意:在例6、例7、例8中,当被积函数的分母是二次三项式时,可以按照根的不同情况采用不同的处理方法.除了以上类型,还可以利用 $\mathrm{d}(x^n) = nx^{n-1}\mathrm{d}x$. 看下面的例题:

例9 求 $\displaystyle\int \dfrac{x}{1+x^2}\,\mathrm{d}x$.

解 由 $\mathrm{d}(x^2+1) = 2x\,\mathrm{d}x$,即 $x\,\mathrm{d}x = \dfrac{1}{2}\mathrm{d}(x^2+1)$,则

$$\int \frac{x}{1+x^2}dx = \frac{1}{2}\int \frac{d(x^2+1)}{x^2+1} = \frac{1}{2}\ln(x^2+1) + C.$$

例 10 求 $\int \dfrac{\sin\dfrac{1}{x}}{x^2}dx$.

解 由 $d\left(\dfrac{1}{x}\right) = -\dfrac{1}{x^2}dx$,得

$$\int \frac{\sin\dfrac{1}{x}}{x^2}dx = -\int \sin\frac{1}{x}d\left(\frac{1}{x}\right) = \cos\frac{1}{x} + C.$$

例 11 求 $\int xe^{-x^2}dx$.

解 由 $xdx = \dfrac{1}{2}d(x^2) = -\dfrac{1}{2}d(-x^2)$,得

$$\int xe^{-x^2}dx = -\frac{1}{2}\int e^{-x^2}d(-x^2) = -\frac{1}{2}e^{-x^2} + C.$$

例 12 求 $\int \dfrac{x}{x^2+2x+10}dx$.

解 由 $d(x^2+2x+10) = 2(x+1)dx$, $\dfrac{x}{x^2+2x+10} = \dfrac{1}{2}\cdot\dfrac{2x+2-2}{x^2+2x+10}$,得

$$\int \frac{x}{x^2+2x+10}dx = \frac{1}{2}\int \frac{d(x^2+2x+10)}{x^2+2x+10} - \int \frac{dx}{x^2+2x+10}$$

$$= \frac{1}{2}\ln(x^2+2x+10) - \frac{1}{3}\arctan\frac{x}{3} + C.$$

利用 $d(e^x) = e^x dx$, $d(a^x) = a^x \ln a\, dx$,则有以下应用:

例 13 求 $\int e^x \cos e^x dx$.

解 $\int e^x \cos e^x dx = \int \cos e^x d(e^x) = \sin e^x + C.$

例 14 求 $\int \dfrac{dx}{e^x + e^{-x}}$.

解 $\int \dfrac{dx}{e^x + e^{-x}} = \int \dfrac{e^x}{(e^x)^2 + 1}dx = \int \dfrac{de^x}{(e^x)^2 + 1} = \arctan e^x + C.$

例 15 求 $\int \dfrac{dx}{e^x + 1}$.

解 因为

$$\frac{1}{e^x+1} = \frac{1+e^x-e^x}{e^x+1} = 1 - \frac{e^x}{e^x+1},$$

则

$$\int \frac{dx}{e^x+1} = \int dx - \int \frac{e^x}{e^x+1}dx = x - \int \frac{d(e^x+1)}{e^x+1} = x - \ln(e^x+1) + C.$$

例16 求 $\int \dfrac{6^x}{4^x+9^x}dx$.

解 $\int \dfrac{6^x}{4^x+9^x}dx = \int \dfrac{\left(\dfrac{3}{2}\right)^x}{1+\left(\dfrac{3}{2}\right)^{2x}}dx = \dfrac{1}{\ln\dfrac{3}{2}}\int \dfrac{d\left[\left(\dfrac{3}{2}\right)^x\right]}{1+\left(\dfrac{3}{2}\right)^{2x}}$

$= \dfrac{1}{\ln 3 - \ln 2}\arctan\left(\dfrac{3}{2}\right)^x + C.$

利用 $d(\ln x) = \dfrac{1}{x}dx$,有以下应用:

例17 求 $\int \dfrac{dx}{x\ln x}$.

解 $\int \dfrac{dx}{x\ln x} = \int \dfrac{d(\ln x)}{\ln x} = \ln|\ln x| + C.$

例18 求 $\int \dfrac{1}{x}(2\ln x + 5)^4 dx$.

解 $\int \dfrac{1}{x}(2\ln x + 5)^4 dx = \int (2\ln x + 5)^4 d(\ln x) = \int (2\ln x + 5)^4 \dfrac{1}{2}d(2\ln x + 5)$

$= \dfrac{1}{10}(2\ln x + 5)^5 + C.$

利用三角函数的微分公式:

$d(\sin x) = \cos x dx, d(\cos x) = -\sin x dx, d(\tan x) = \sec^2 x dx, d(\cot x) = -\csc^2 x dx,$
则有以下应用:

例19 求 $\int \tan x dx$.

解 $\int \tan x dx = \int \dfrac{\sin x}{\cos x}dx = -\int \dfrac{d(\cos x)}{\cos x} = -\ln|\cos x| + C.$

例20 求 $\int \cos x e^{\sin x} dx$.

解 $\int \cos x e^{\sin x} dx = \int e^{\sin x} d(\sin x) = e^{\sin x} + C.$

例21 求 $\int \tan^3 x dx$.

解 $\int \tan^3 x dx = \int \tan x (\sec^2 x - 1) dx = \int \tan x \sec^2 x dx - \int \dfrac{\sin x}{\cos x}dx$

$= \int \tan x d(\tan x) + \int \dfrac{d(\cos x)}{\cos x} = \dfrac{1}{2}\tan^2 x + \ln|\cos x| + C.$

另解:

$\int \tan^3 x dx = -\int \dfrac{1-\cos^2 x}{\cos^3 x}d(\cos x) = \dfrac{1}{2\cos^2 x} + \ln|\cos x| + C$

例22 求 $\int \dfrac{dx}{\sin^4 x \cos^2 x}$.

解 因为
$$\frac{dx}{\cos^2 x} = d(\tan x), \quad \frac{1}{\sin^4 x} = \left(\frac{\tan^2 x + 1}{\tan^2 x}\right)^2$$

所以
$$\int \frac{dx}{\sin^4 x \cos^2 x} = \int \left(1 + \frac{2}{\tan^2 x} + \frac{1}{\tan^4 x}\right) d(\tan x) = \tan x - \frac{2}{\tan x} - \frac{1}{3 \tan^3 x} + C$$
$$= \tan x - 2\cot x - \frac{1}{3}\cot^3 x + C.$$

利用 $d(\arcsin x) = \dfrac{dx}{\sqrt{1-x^2}}, d(\arctan x) = \dfrac{dx}{1+x^2}$,有以下应用:

例 23 求 $\displaystyle\int \frac{dx}{\sqrt{(1-x^2)\arcsin x}}$.

解 $\displaystyle\int \frac{dx}{\sqrt{(1-x^2)\arcsin x}} = \int \frac{d(\arcsin x)}{\sqrt{\arcsin x}} = 2\sqrt{\arcsin x} + C.$

例 24 求 $\displaystyle\int \frac{(\arctan x)^3}{1+x^2} dx$.

解 $\displaystyle\int \frac{(\arctan x)^3}{1+x^2} dx = \int (\arctan x)^3 d(\arctan x) = \frac{1}{4}(\arctan x)^4 + C.$

由以上例题可以看出,第一换元法是一种非常灵活的计算方法,始终贯穿着"逆向思维"的特点. 因此对初学者来讲,较难适应,学生应熟悉这些基本例题. 当然也有一些题,它不属于这些基本题型,但我们也可以通过观察找到解题的途径.

例 25 求 $\displaystyle\int \frac{1-\sin x}{x+\cos x} dx$.

解 注意到 $d(x+\cos x) = (1-\sin x)dx$,则
$$\int \frac{1-\sin x}{x+\cos x} dx = \int \frac{d(x+\cos x)}{x+\cos x} = \ln|x+\cos x| + C.$$

例 26 求 $\displaystyle\int \frac{\sin x}{\sin x + \cos x} dx$.

解 因为
$$\frac{\sin x}{\sin x + \cos x} = \frac{1}{2} \cdot \frac{(\sin x + \cos x) + (\sin x - \cos x)}{\sin x + \cos x} = \frac{1}{2} - \frac{1}{2} \cdot \frac{\cos x - \sin x}{\sin x + \cos x},$$

则
$$\int \frac{\sin x}{\sin x + \cos x} dx = \frac{1}{2}\int dx - \frac{1}{2}\int \frac{\cos x - \sin x}{\sin x + \cos x} dx = \frac{x}{2} - \frac{1}{2}\int \frac{d(\sin x + \cos x)}{\sin x + \cos x}$$
$$= \frac{x}{2} - \frac{1}{2}\ln|\sin x + \cos x| + C.$$

例 27 求 $\displaystyle\int \sec x \, dx$.

解 $\displaystyle\int \sec x \, dx = \int \frac{\cos x}{\cos^2 x} dx = \int \frac{d(\sin x)}{1-\sin^2 x}$

$$= \frac{1}{2}\int\left(\frac{1}{1+\sin x}+\frac{1}{1-\sin x}\right)\mathrm{d}(\sin x) = \frac{1}{2}\ln\left|\frac{1+\sin x}{1-\sin x}\right|+C.$$

另解：
$$\int\sec x\mathrm{d}x = \int\frac{\sec x(\sec x+\tan x)}{\sec x+\tan x}\mathrm{d}x = \int\frac{\sec^2 x+\sec x\tan x}{\sec x+\tan x}\mathrm{d}x$$
$$=\int\frac{\mathrm{d}(\sec x+\tan x)}{\sec x+\tan x}=\ln|\sec x+\tan x|+C.$$

同样的方法可以求得
$$\int\csc x\mathrm{d}x = \ln|\csc x-\cot x|+C.$$

二、第二换元积分法应用举例

1. 三角代换

（1）被积函数中含有 $\sqrt{a^2-x^2}$（$a>0$），可令 $x=a\sin t$，并约定 $t\in\left[-\frac{\pi}{2},\frac{\pi}{2}\right]$，则
$$\sqrt{a^2-x^2}=a\cos t, \quad \mathrm{d}x=a\cos t\mathrm{d}t,$$
进而可将原积分化作三角有理函数的积分.

（2）被积函数中含有 $\sqrt{a^2+x^2}$（$a>0$），可令 $x=a\tan t$，并约定 $t\in\left(-\frac{\pi}{2},\frac{\pi}{2}\right)$，则
$$\sqrt{a^2+x^2}=a\sec t, \quad \mathrm{d}x=a\sec^2 t\mathrm{d}t,$$
进而可将原积分化为三角有理函数的积分.

（3）被积函数中含有 $\sqrt{x^2-a^2}$（$a>0$），当 $x\geqslant a$ 时，可令 $x=a\sec t$，并约定 $t\in\left(0,\frac{\pi}{2}\right)$，则
$$\sqrt{x^2-a^2}=a\tan t, \quad \mathrm{d}x=a\sec t\tan t\mathrm{d}t,$$
当 $x\leqslant -a$ 时，可令 $u=-x$，则 $u\geqslant a$，进而可将原积分化为三角有理函数的积分.

例28 求 $\int\sqrt{a^2-x^2}\mathrm{d}x$（$a>0$）.

解 令 $x=a\sin t, x\in\left[-\frac{\pi}{2},\frac{\pi}{2}\right]$，则 $\sqrt{a^2-x^2}=a\cos t, \mathrm{d}x=a\cos t\mathrm{d}t$，有
$$\int\sqrt{a^2-x^2}\mathrm{d}x = \int a\cos t\cdot a\cos t\mathrm{d}t = a^2\int\left(\frac{1}{2}+\frac{1}{2}\cos 2t\right)\mathrm{d}t$$
$$=\frac{a^2}{2}t+\frac{a^2}{2}\sin t\cos t+C$$
$$=\frac{a^2}{2}\arcsin\frac{x}{a}+\frac{x}{2}\sqrt{a^2-x^2}+C.$$

例29 求 $\int\frac{x^2}{\sqrt{4-x^2}}\mathrm{d}x$.

解 令 $x=2\sin t, x\in\left(-\frac{\pi}{2},\frac{\pi}{2}\right)$，则 $\sqrt{4-x^2}=2\cos t, \mathrm{d}x=2\cos t\mathrm{d}t$，有

$$\int \frac{x^2}{\sqrt{4-x^2}}dx = \int \frac{4\sin^2 t}{2\cos t} \cdot 2\cos t\, dt = \int(2-2\cos 2t)dt = 2t - \sin 2t + C.$$

$$= 2t - 2\sin t\cos t + C = 2\arcsin\frac{x}{2} - \frac{x}{2}\sqrt{4-x^2} + C.$$

例30 求 $\int \frac{x^4}{\sqrt{(1-x^2)^3}}dx$.

解 令 $x = \sin t, x \in \left(-\frac{\pi}{2}, \frac{\pi}{2}\right)$, 则 $\sqrt{1-x^2} = \cos t, dx = \cos t\, dt$, 有

$$\int \frac{x^4}{\sqrt{(1-x^2)^3}}dx = \int \frac{\sin^4 t}{\cos^2 t}dt = \int \frac{1-2\cos^2 t + \cos^4 t}{\cos^2 t}dt$$

$$= \int \frac{dt}{\cos^2 t} - 2\int dt + \frac{1}{2}\int(1+\cos 2t)dt$$

$$= \tan t - \frac{3}{2}t + \frac{1}{2}\sin t\cos t + C$$

$$= \frac{x}{\sqrt{1-x^2}} - \frac{3}{2}\arcsin x + \frac{x}{2}\sqrt{1-x^2} + C.$$

例31 求 $\int \frac{dx}{\sqrt{x^2+a^2}}$ $(a>0)$.

解 令 $x = a\tan t, x \in \left(-\frac{\pi}{2}, \frac{\pi}{2}\right)$, 则 $\sqrt{x^2+a^2} = a\sec t, dx = a\sec^2 t\, dt$, 有

$$\int \frac{dx}{\sqrt{x^2+a^2}} = \int \sec t\, dt = \int \frac{\cos t}{1-\sin^2 t}dt = \frac{1}{2}\int\left[\frac{1}{1+\sin t} + \frac{1}{1-\sin t}\right]d(\sin t)$$

$$= \ln\left|\frac{1+\sin t}{\cos t}\right| + C = \ln|\sec t + \tan t| + C$$

$$= \ln\left|\frac{x}{a} + \frac{\sqrt{x^2+a^2}}{a}\right| + C = \ln\left|x + \sqrt{x^2+a^2}\right| + C_1.$$

例32 求 $\int \frac{dx}{x^2\sqrt{4+x^2}}$.

解 令 $x = 2\tan t$, 则 $\sqrt{4+x^2} = \sec t, dx = 2\sec^2 t\, dt$, 则

$$\int \frac{dx}{x^2\sqrt{4+x^2}} = \int \frac{2\sec^2 t}{4\tan^2 t \cdot 2\sec t}dt = \frac{1}{4}\int \frac{\cos t}{\sin^2 t}dt = -\frac{1}{4}\cdot\frac{1}{\sin t} + C$$

$$= -\frac{\sqrt{4+x^2}}{4x} + C.$$

例33 求 $\int \frac{dx}{(x^2+9)^2}$.

解 令 $x = 3\tan t$, 则 $x^2+9 = 9\sec^2 t, dx = 3\sec^2 t\, dt$, 则

$$\int \frac{dx}{(x^2+9)^2} = \frac{1}{27}\int \cos^2 t\, dt = \frac{1}{54}\int(1+\cos 2t)dt = \frac{t}{54} - \frac{1}{54}\sin t\cos t + C$$

$$= \frac{1}{54}\arctan\frac{x}{3} - \frac{x}{18(x^2+9)} + C.$$

例 34 求 $\int \frac{dx}{\sqrt{x^2-a^2}}$ $(a>0)$.

解 被积函数的定义域为 $(-\infty, -a) \cup (a, +\infty)$,当 $x \in (a, +\infty)$ 时,令 $x = a\sec t$,$t \in \left(0, \frac{\pi}{2}\right)$,则 $\sqrt{x^2-a^2} = a\tan t$,$dx = a\sec t\tan t\, dt$,则

$$\int \frac{dx}{\sqrt{x^2-a^2}} = \int \frac{a\sec t\tan t}{a\tan t}dt = \int \sec t\, dt = \ln(\sec t + \tan t) + C$$

$$= \ln\left(\frac{x}{a} + \frac{\sqrt{x^2-a^2}}{a}\right) + C = \ln(x + \sqrt{x^2-a^2}) + C_1,$$

当 $x \in (-\infty, -a)$ 时,令 $u = -x$,则 $u \in (a, +\infty)$,有

$$\int \frac{dx}{\sqrt{x^2-a^2}} = -\int \frac{du}{\sqrt{u^2-a^2}} = -\ln(u + \sqrt{u^2-a^2}) + C$$

$$= -\ln(-x + \sqrt{x^2-a^2}) + C = \ln \frac{1}{-x+\sqrt{x^2-a^2}} + C$$

$$= \ln \frac{-x-\sqrt{x^2-a^2}}{a^2} + C = \ln(-x-\sqrt{x^2-a^2}) + C_1,$$

则当 $x \in (-\infty, -a) \cup (a, +\infty)$ 时,

$$\int \frac{dx}{\sqrt{x^2-a^2}} = \ln\left|x + \sqrt{x^2-a^2}\right| + C.$$

例 35 求 $\int \frac{dx}{x^2\sqrt{x^2-1}}$.

解 当 $x \in (1, +\infty)$ 时,令 $x = \sec t$,$t \in \left(0, \frac{\pi}{2}\right)$,则 $\sqrt{x^2-1} = \tan t$,$dx = \sec t\tan t\, dt$,有

$$\int \frac{dx}{x^2\sqrt{x^2-1}} = \int \frac{\sec t\tan t}{\sec^2 t\tan t}dt = \int \cos t\, dt = \sin t + C = \frac{\sqrt{x^2-1}}{x} + C,$$

当 $x \in (-\infty, 1)$ 时,令 $u = -x$,则 $u \in (1, +\infty)$,有

$$\int \frac{dx}{x^2\sqrt{x^2-1}} = -\int \frac{du}{u^2\sqrt{u^2-1}} = -\frac{\sqrt{u^2-1}}{u} + C = \frac{\sqrt{x^2-1}}{x} + C,$$

则无论 $x < -1$ 或 $x > 1$,均有

$$\int \frac{dx}{x^2\sqrt{x^2-1}} = \frac{\sqrt{x^2-1}}{x} + C.$$

注意:(1)以上三种三角代换,目的是将无理式积分化为三角有理函数积分.

(2)在将积分结果化为 x 的函数时,常常用到同角三角函数的关系,其中一种较简单和直接的方法是用"辅助三角形".

(3)在既可用第一换元法也可用第二换元法时,用第一换元法可使计算更为简洁.

例 36 求 $\int \dfrac{\mathrm{d}x}{x\sqrt{x^2-a^2}}$ $(a>0)$.

解 显然,此题可以用第二换元法,但若用第一换元法,将简单得多. 当 $x>a$ 时,有

$$\int \frac{\mathrm{d}x}{x\sqrt{x^2-a^2}} = \int \frac{\mathrm{d}x}{x^2\sqrt{1-\dfrac{a^2}{x^2}}} = -\frac{1}{a}\int \frac{\mathrm{d}\left(\dfrac{a}{x}\right)}{\sqrt{1-\left(\dfrac{a}{x}\right)^2}} = \frac{1}{a}\arccos\frac{a}{x} + C,$$

当 $x<-a$ 时,令 $u=-x$,则 $u>a$,有

$$\int \frac{\mathrm{d}x}{x\sqrt{x^2-a^2}} = \int \frac{-\mathrm{d}u}{(-u)\sqrt{u^2-a^2}} = \frac{1}{a}\arccos\frac{a}{u} + C = \frac{1}{a}\arccos\frac{a}{-x} + C,$$

两式合并有

$$\int \frac{\mathrm{d}x}{x\sqrt{x^2-a^2}} = \frac{1}{a}\arccos\frac{a}{|x|} + C.$$

2. 有理根式积分

含根式 $\sqrt[n]{ax+b}$ 的函数的积分,可令 $\sqrt[n]{ax+b}=t$,进而化为有理函数的积分.

例 37 求 $\int \dfrac{x^2}{\sqrt{2x-1}}\mathrm{d}x$.

解 令 $t=\sqrt{2x-1}$,即 $x=\dfrac{1}{2}(t^2+1)$,$\mathrm{d}x=t\mathrm{d}t$,则

$$\int \frac{x^2}{\sqrt{2x-1}}\mathrm{d}x = \int \frac{1}{t}\cdot\frac{1}{4}(t^2+1)^2 t\mathrm{d}t = \frac{1}{20}t^5 + \frac{1}{6}t^3 + \frac{1}{4}t + C$$

$$= \frac{1}{20}(2x-1)^{\frac{5}{2}} + \frac{1}{6}(2x-1)^{\frac{3}{2}} + \frac{1}{4}(2x-1)^{\frac{1}{2}} + C.$$

例 38 求 $\int \dfrac{\mathrm{d}x}{x\sqrt{x-1}}$.

解 令 $t=\sqrt{x-1}$,即 $x=t^2+1$,$\mathrm{d}x=2t\mathrm{d}t$,则

$$\int \frac{\mathrm{d}x}{x\sqrt{x-1}} = \int \frac{2t}{(t^2+1)t}\mathrm{d}t = 2\arctan t + C = 2\arctan\sqrt{x-1} + C.$$

例 39 求 $\int \sqrt{\mathrm{e}^x-1}\,\mathrm{d}x$.

解 令 $t=\sqrt{\mathrm{e}^x-1}$,则 $x=\ln(t^2+1)$,$\mathrm{d}x=\dfrac{2t}{t^2+1}\mathrm{d}t$,则

$$\int \sqrt{\mathrm{e}^x-1}\,\mathrm{d}x = \int t\frac{2t}{t^2+1}\mathrm{d}t = \int\left(2-\frac{2}{t^2+1}\right)\mathrm{d}t = 2t - 2\arctan t + C$$

$$= 2\sqrt{\mathrm{e}^x-1} - 2\arctan\sqrt{\mathrm{e}^x-1} + C.$$

当被积函数含有两种或两种以上的根式 $\sqrt[k]{x},\cdots,\sqrt[l]{x}$ 时,可采用令 $x=t^n$,其中 n 为各根指数的最小公倍数,进而化为有理分式的积分.

例40 求 $\int \dfrac{dx}{\sqrt{x}(\sqrt[3]{x}+\sqrt[4]{x})}$.

解 显然为了使 $\sqrt{x},\sqrt[3]{x},\sqrt[4]{x}$ 都变成有理式,应令 $t=\sqrt[12]{x}$,则

$$\int \frac{dx}{\sqrt{x}(\sqrt[3]{x}+\sqrt[4]{x})} = \int \frac{12t^{11}}{t^6(t^4+t^3)}dt = 12\int\left(t-1+\frac{1}{t+1}\right)dt$$

$$=6t^2-12t+12\ln|t+1|+C$$

$$=6\sqrt[6]{x}-12\sqrt[12]{x}+12\ln(\sqrt[12]{x}+1)+C.$$

3. 三角有理函数的积分

三角有理函数的积分可采用万能代换,即令 $t=\tan\dfrac{x}{2}$, $x\in(-\pi,\pi)$,则

$$\sin x = \frac{2t}{1+t^2}, \quad \cos x = \frac{1-t^2}{1+t^2}, \quad dx = \frac{2}{1+t^2}dt.$$

例41 求 $\int \dfrac{dx}{2+\cos x}$.

解 令 $t=\tan\dfrac{x}{2}$,则

$$\int \frac{dx}{2+\cos x} = \int \frac{1}{2+\dfrac{1-t^2}{1+t^2}}\cdot\frac{2}{1+t^2}dt = \int \frac{2}{3+t^2}dt$$

$$=\frac{2}{\sqrt{3}}\arctan\frac{t}{\sqrt{3}}+C = \frac{2}{\sqrt{3}}\arctan\left(\frac{1}{\sqrt{3}}\tan\frac{x}{2}\right)+C.$$

例42 求 $\int \dfrac{dx}{1+\sin x+\cos x}$.

解 令 $t=\tan\dfrac{x}{2}$,则

$$\int \frac{dx}{1+\sin x+\cos x} = \int \frac{1}{1+\dfrac{2t}{1+t^2}+\dfrac{1-t^2}{1+t^2}}\cdot\frac{2}{1+t^2}dt = \int \frac{dt}{t+1}$$

$$=\ln|t+1|+C = \ln\left|\tan\frac{x}{2}+1\right|+C.$$

4. 分母的阶较高的函数的积分

对于分母的阶较高的函数的积分可采用倒代换,即令 $x=\dfrac{1}{t}$.

例43 求 $\int \dfrac{1}{x(x^7+2)}dx$.

解 令 $x=\dfrac{1}{t}$,则 $dx=-\dfrac{1}{t^2}dt$,则

$$\int \frac{1}{x(x^7+2)}dx = \int \frac{t}{\left(\frac{1}{t}\right)^7+2} \cdot \left(-\frac{1}{t^2}\right)dt = -\int \frac{t^6}{1+2t^7}dt$$

$$= -\frac{1}{14}\ln|1+2t^7| + C = -\frac{1}{14}\ln|2+x^7| + \frac{1}{2}\ln|x| + C.$$

例44 求 $\int \frac{1}{x^4\sqrt{x^2+1}}dx$.

解 令 $x = \frac{1}{t}$, 则 $dx = -\frac{1}{t^2}dt$, 则

$$\int \frac{1}{x^4\sqrt{x^2+1}}dx = \int \frac{1}{\left(\frac{1}{t}\right)^4\sqrt{\left(\frac{1}{t}\right)^2+1}}\left(-\frac{1}{t^2}\right)dt = -\int \frac{t^3}{\sqrt{1+t^2}}dt$$

$$= -\frac{1}{2}\int \frac{t^2}{\sqrt{1+t^2}}dt^2 \xlongequal{u=t^2} -\frac{1}{2}\int \frac{u}{\sqrt{1+u}}du$$

$$= \frac{1}{2}\int \frac{1-1-u}{\sqrt{1+u}}du = \frac{1}{2}\int \left(\frac{1}{\sqrt{1+u}} - \sqrt{1+u}\right)d(1+u)$$

$$= -\frac{1}{3}(\sqrt{1+u})^3 + \sqrt{1+u} + C$$

$$= -\frac{1}{3}\left(\frac{\sqrt{1+x^2}}{x}\right)^3 + \frac{\sqrt{1+x^2}}{x} + C.$$

通过本节相关例题的讨论,我们可以将第一节中提到的基本积分表补充完善如下:

(16) $\int \tan x\,dx = -\ln\cos x + C$;   (17) $\int \cot x\,dx = \ln\sin x + C$;

(18) $\int \sec x\,dx = \ln(\sec x + \tan x) + C$;   (19) $\int \csc x\,dx = \ln(\csc x - \cot x) + C$;

(20) $\int \frac{1}{a^2+x^2}dx = \frac{1}{a}\arctan \frac{x}{a} + C$;   (21) $\int \frac{1}{x^2-a^2}dx = \frac{1}{2a}\ln\left|\frac{x-a}{x+a}\right| + C$;

(22) $\int \frac{1}{a^2-x^2}dx = \frac{1}{2a}\ln\left|\frac{a+x}{a-x}\right| + C$;   (23) $\int \frac{1}{\sqrt{a^2-x^2}}dx = \arcsin \frac{x}{a} + C$;

(24) $\int \frac{1}{\sqrt{x^2 \pm a^2}}dx = \ln|x + \sqrt{x^2 \pm a^2}| + C.$

习题 4-2

1. 求下列不定积分(第一类换元法):

(1) $\int \sqrt{\frac{a+x}{a-x}}dx$;   (2) $\int \frac{dx}{x\ln x\ln(\ln x)}$;

(3) $\int \tan \sqrt{1+x^2} \cdot \frac{x\,dx}{\sqrt{1+x^2}}$;   (4) $\int \frac{dx}{e^x + e^{-x}}$;

(5) $\int x^2 \sqrt{1+x^3}\,dx$;

(6) $\int \dfrac{\sin x\cos x}{1+\sin^4 x}\,dx$;

(7) $\int \dfrac{\sin x+\cos x}{\sqrt[3]{\sin x-\cos x}}\,dx$;

(8) $\int \dfrac{1-x}{\sqrt{9-4x^2}}\,dx$;

(9) $\int \dfrac{x^3}{9+x^2}\,dx$;

(10) $\int \dfrac{dx}{x(x^6+4)}\,dx$;

(11) $\int \dfrac{\arctan\sqrt{x}}{\sqrt{x}(1+x)}\,dx$;

(12) $\int \dfrac{x+1}{x(1+xe^x)}\,dx$;

(13) $\int \dfrac{10^{2\arccos x}}{\sqrt{1-x^2}}\,dx$;

(14) $\int \dfrac{\ln\tan x}{\cos x\sin x}\,dx$.

2. 求下列不定积分(第二类换元法):

(1) $\int \dfrac{dx}{x+\sqrt{1-x^2}}$;

(2) $\int \dfrac{dx}{\sqrt{(x^2+1)^3}}$;

(3) $\int \dfrac{dx}{1+\sqrt{2x}}$;

(4) $\int x\sqrt{\dfrac{x}{2a-x}}\,dx$.

3. 设 $\int \tan^n x\,dx$, 求证: $I_n = \dfrac{1}{n-1}\tan^{n-1}x - I_{n-2}$, 并求 $\int \tan^5 x\,dx$.

第三节 分部积分法

由两个函数乘积的求导公式: $[u(x)v(x)]' = v(x)u'(x) + u(x)v'(x)$, 得
$$u(x)v'(x) = [u(x)v(x)]' - v(x)u'(x),$$
两边积分得
$$\int u(x)v'(x)\,dx = u(x)v(x) - \int v(x)u'(x)\,dx,$$
或
$$\int u\,dv = uv - \int vu'\,dx.$$

这就是分部积分法的公式. 显然, 分部积分法是乘积求导的逆运算. 使用分部积分法的关键是正确选择 u 和 v. 由函数的特点, 主要有如下两种基本类型.

一、类型 I

被积函数为 x^n 与指数(三角)函数的乘积. 由于指数(三角)函数凑进 dx 时, 仍为指数(三角)函数的微分; 而对 x^n 求导时, 将使幂函数的次数降低, 因此对此类型一般是将 x^n 作为 u, 而把指数(三角)函数当作 v. 其"凑微分"的方法是

$$e^{ax}\,dx = \dfrac{1}{a}d(e^{ax}), \quad \cos ax\,dx = \dfrac{1}{a}d(\sin ax), \cdots$$

例 1 求 $\int x\cos x\,dx$.

解 因为 $\cos x \mathrm{d}x = \mathrm{d}(\sin x)$，如果设 $u = x, v = \sin x$，则

$$\int x\cos x \mathrm{d}x = \int x\mathrm{d}(\sin x) = x\sin x - \int \sin x \mathrm{d}x = x\sin x + \cos x + C.$$

例2 求 $\int x^2 \mathrm{e}^x \mathrm{d}x$.

解 由

$$\int x^2 \mathrm{e}^x \mathrm{d}x = \int x^2 \mathrm{d}(\mathrm{e}^x) = x^2 \mathrm{e}^x - \int \mathrm{e}^x \cdot 2x\mathrm{d}x,$$

则需再一次用分部积分：

$$\int x^2 \mathrm{e}^x \mathrm{d}x = x^2 \mathrm{e}^x - \int \mathrm{e}^x \cdot 2x\mathrm{d}x = x^2 \mathrm{e}^x - 2\int x\mathrm{d}(\mathrm{e}^x) = x^2 \mathrm{e}^x - 2\left[x\mathrm{e}^x - \int \mathrm{e}^x \mathrm{d}x\right]$$

$$= x^2 \mathrm{e}^x - 2x\mathrm{e}^x + 2\mathrm{e}^x + C = \mathrm{e}^x(x^2 - 2x + 2) + C.$$

例3 求 $\int x\cos^2 x \mathrm{d}x$.

解 $\int x\cos^2 x \mathrm{d}x = \frac{1}{2}\int x(1 + \cos 2x)\mathrm{d}x = \frac{1}{2}\int x\mathrm{d}x + \frac{1}{4}\int x\mathrm{d}(\sin 2x)$

$$= \frac{x^2}{4} + \frac{1}{4}\left[x\sin 2x - \int \sin 2x \mathrm{d}x\right] = \frac{x^2}{4} + \frac{x}{4}\sin 2x + \frac{1}{8}\cos 2x + C.$$

例4 求 $\int \frac{x}{\cos^2 x}\mathrm{d}x$.

解 $\int \frac{x}{\cos^2 x}\mathrm{d}x = \int x\mathrm{d}(\tan x) = x\tan x - \int \frac{\sin x}{\cos x}\mathrm{d}x = x\tan x + \ln|\cos x| + C.$

例5 求 $\int (x^2 + 1)\mathrm{e}^{-x}\mathrm{d}x$.

解 $\int (x^2 + 1)\mathrm{e}^{-x}\mathrm{d}x = -\int (x^2 + 1)\mathrm{d}(\mathrm{e}^{-x}) = -\left[(x^2 + 1)\mathrm{e}^{-x} - \int \mathrm{e}^{-x} \cdot 2x\mathrm{d}x\right]$

$$= -(x^2 + 1)\mathrm{e}^{-x} - 2\int x\mathrm{d}(-\mathrm{e}^{-x})$$

$$= -(x^2 + 1)\mathrm{e}^{-x} - 2\left[x\mathrm{e}^{-x} - \int \mathrm{e}^{-x}\mathrm{d}x\right]$$

$$= -(x^2 + 1)\mathrm{e}^{-x} - 2x\mathrm{e}^{-x} - 2\mathrm{e}^{-x} + C = -(x^2 + 2x + 3)\mathrm{e}^{-x} + C.$$

二、类型 II

被积函数为幂函数与对数(反三角)函数的乘积. 由于

$$(\ln x)' = \frac{1}{x}, \quad (\arcsin x)' = \frac{1}{1 + x^2},$$

不再是对数(反三角)函数，而幂函数"凑进" $\mathrm{d}x$, $x^\alpha \mathrm{d}x = \frac{1}{\alpha + 1}\mathrm{d}(x^{\alpha + 1})$ 仍是幂函数，因此对此类型一般是把对数(反三角)函数作为 u，而把幂函数作为 v.

例6 求 $\int x^2 \ln x \mathrm{d}x$.

解 $\int x^2 \ln x \, dx = \frac{1}{3} \int \ln x \, d(x^3) = \frac{1}{3} \left[x^3 \ln x - \int x^3 \frac{1}{x} dx \right] = \frac{x^3}{3} \ln x - \frac{x^3}{9} + C.$

例 7 求 $\int \frac{\ln x}{x^2} dx$.

解 $\int \frac{\ln x}{x^2} dx = -\int \ln x \, d\left(\frac{1}{x}\right) = -\left[\frac{\ln x}{x} - \int \frac{1}{x} \cdot \frac{1}{x} dx \right] = -\frac{\ln x}{x} - \frac{1}{x} + C.$

例 8 求 $\int \ln^2 x \, dx$.

解 由于没有 x^n 凑进 dx,故可直接把 dx 作为 dv,则

$$\int \ln^2 x \, dx = x\ln^2 x - \int x \cdot 2\ln x \cdot \frac{1}{x} dx = x\ln^2 x - 2\left[x\ln x - \int x \cdot \frac{1}{x} dx \right]$$
$$= x\ln^2 x - 2x\ln x + 2x + C.$$

例 9 求 $\int \arccos x \, dx$.

解 把 $\arccos x$ 作为 u, dx 作为 dv,有

$$\int \arccos x \, dx = x\arccos x - \int x \left(-\frac{1}{\sqrt{1-x^2}} \right) dx = x\arccos x - \sqrt{1-x^2} + C.$$

例 10 求 $\int x^2 \arctan x \, dx$.

解 $\int x^2 \arctan x \, dx = \frac{1}{3} \int \arctan x \, d(x^3) = \frac{1}{3} \left[x^3 \arctan x - \int x^3 \frac{1}{1+x^2} dx \right]$
$= \frac{x^3}{3} \arctan x - \frac{x^2}{6} + \frac{1}{6} \ln(1+x^2) + C.$

例 11 求 $\int \frac{\arctan x}{x^2} dx$.

解 $\int \frac{\arctan x}{x^2} dx = -\int \arctan x \, d\left(\frac{1}{x}\right) = -\left[\frac{1}{x} \arctan x - \int \frac{1}{x} \cdot \frac{1}{1+x^2} dx \right]$
$= -\frac{\arctan x}{x} + \int \left(\frac{1}{x} - \frac{x}{1+x^2} \right) dx$
$= -\frac{\arctan x}{x} + \ln|x| - \frac{1}{2} \ln(1+x^2) + C.$

例 12 求 $\int x\ln(x-2) dx$.

解 $\int x\ln(x-2) dx = \frac{1}{2} \int \ln(x-2) d(x^2) = \frac{1}{2} \left[x^2 \ln(x-2) - \int x^2 \frac{1}{x-2} dx \right]$
$= \frac{x^2}{2} \ln(x-2) - \frac{1}{2} \int \left(x + 2 + \frac{4}{x-2} \right) dx$
$= \frac{x^2}{2} \ln(x-2) - \frac{x^2}{4} - x - 2\ln(x-2) + C.$

除了以上基本类型,还有其他一些积分,也可以用分部积分法.

例 13 求 $\int e^{ax}\sin bx\,dx$.

解 $\int e^{ax}\sin bx\,dx = \dfrac{1}{a}\int \sin bx\,d(e^{ax}) = \dfrac{1}{a}\left[e^{ax}\sin bx - b\int e^{ax}\cos bx\,dx\right]$

$$= \dfrac{1}{a}e^{ax}\sin bx - \dfrac{b}{a^2}\int \cos bx\,d(e^{ax})$$

$$= \dfrac{1}{a}e^{ax}\sin bx - \dfrac{b}{a^2}\left[e^{ax}\cos bx + b\int e^{ax}\sin bx\,dx\right].$$

移项后,由于等式右端已不包含积分项,应加常数 C_1,则

$$\dfrac{a^2+b^2}{a^2}\int e^{ax}\sin bx\,dx = \dfrac{e^{ax}}{a^2}[a\sin bx - b\cos bx] + C_1.$$

则

$$\int e^{ax}\sin bx\,dx = \dfrac{e^{ax}}{a^2+b^2}[a\sin bx - b\cos bx] + C.$$

通过上面几个例子可以看出,在运用分部积分公式时,通常情况下,当被积函数含 e^x、$\sin x$、$\cos x$ 等时,都需要把 e^x、$\sin x$、$\cos x$ 等凑成微分 dv.

习题 4 – 3

1. 求下列不定积分:

(1) $\int x\sin x\,dx$;

(2) $\int xe^{-2x}\,dx$;

(3) $\int \ln(1+x^2)\,dx$;

(4) $\int e^{\sqrt[3]{x}}\,dx$;

(5) $\int \cos(\ln x)\,dx$;

(6) $\int \dfrac{x\arctan x}{(1+x^2)^{\frac{3}{2}}}\,dx$.

2. 已知 $\dfrac{\sin x}{x}$ 是 $f(x)$ 的原函数,求 $\int xf'(x)\,dx$.

3. 设 $\int f(x)\,dx = F(x) + C$,$f(x)$ 可微,且 $f(x)$ 的反函数 $f^{-1}(x)$ 存在,则

$$\int f^{-1}(x)\,dx = xf^{-1}(x) - F[f^{-1}(x)] + C.$$

第四节 有理函数的积分

一、有理函数的积分

有理函数的定义:两个多项式的商表示的函数称为有理函数,即

$$\dfrac{P(x)}{Q(x)} = \dfrac{a_0x^n + a_1x^{n-1} + \cdots + a_{n-1}x + a_n}{b_0x^m + b_1x^{m-1} + \cdots + b_{m-1}x + b_m},$$

其中 m,n 都是非负整数;$a_0,a_1,\cdots,a_n$ 及 $b_0,b_1,\cdots,b_m$ 都是实数,并且 $a_0\neq 0,b_0\neq 0$. 假定分子与分母之间没有公因式:

若 $n<m$,该有理函数是真分式;

若 $n\geq m$,该有理函数是假分式.

将假分式化为一个整式与真分式之和的方法叫作长除法.

例 1 将 $f(x)=\dfrac{2x^6+3x^5+2x^2-4}{x^4-1}$ 写成整式与真分式之和的形式.

解 利用长除法,商为 $2x^2+3x$,余式为 $4x^2+3x-4$,则
$$f(x)=2x^2+3x+\frac{4x^2+3x-4}{x^4-1}.$$

例 2 将 $\dfrac{4x^2+3x-4}{x^4-1}$ 化为部分分式之和.

解 因为 $x^4-1=(x-1)(x+1)(x^2+1)$,设
$$\frac{4x^2+3x-4}{x^4-1}=\frac{A}{x-1}+\frac{B}{x+1}+\frac{Cx+D}{x^2+1}$$

解恒等式,可求出待定系数 $A=B=\dfrac{3}{4},C=-\dfrac{3}{2},D=4$. 则

$$\frac{4x^2+3x-4}{x^4-1}=\frac{\frac{3}{4}}{x-1}+\frac{\frac{3}{4}}{x+1}+\frac{-\frac{3}{2}x+4}{x^2+1}=\frac{3}{4x-4}+\frac{3}{4x+4}-\frac{3x-8}{2x^2+2}.$$

例 3 将 $\dfrac{1}{x^2(x^2+2x+2)}$ 化为部分分式之和.

解 设
$$\frac{1}{x^2(x^2+2x+2)}=\frac{a}{x}+\frac{b}{x^2}+\frac{cx+d}{x^2+2x+2},$$

解得 $a=-\dfrac{1}{2},b=c=d=\dfrac{1}{2}$. 则

$$\frac{1}{x^2(x^2+2x+2)}=\frac{-\frac{1}{2}}{x}+\frac{\frac{1}{2}}{x^2}+\frac{\frac{1}{2}x+\frac{1}{2}}{x^2+2x+2}=-\frac{1}{2x}+\frac{1}{2x^2}+\frac{x+1}{2x^2+4x+4}.$$

有了以上基础,有理分式和积分就可转化为整式的积分及以下四种简单分式的积分.

(1) $\displaystyle\int\frac{\mathrm{d}x}{x-a}=\ln|x-a|+C$;

(2) $\displaystyle\int\frac{\mathrm{d}x}{(x-a)^k}=\frac{1}{1-k}(x-a)^{1-k}+C$ $(k\geq 2,k\in\mathbf{N}^+)$;

(3) $\displaystyle\int\frac{Mx+N}{x^2+px+q}\mathrm{d}x$ $(p^2-4q<0)$;

(4) $\displaystyle\int\frac{Mx+N}{(x^2+px+q)^k}\mathrm{d}x$ $(p^2-4q<0,k\geq 2,k\in\mathbf{N}^+)$.

利用 $Mx+N = \dfrac{M}{2}(2x+P)+N-\dfrac{MP}{2}$，则

$$\int \frac{Mx+N}{x^2+px+q}\mathrm{d}x = \frac{M}{2}\int \frac{\mathrm{d}(x^2+px+q)}{x^2+px+q} + \left(N-\frac{MP}{2}\right)\int \frac{\mathrm{d}x}{x^2+px+q},$$

及

$$\int \frac{Mx+N}{(x^2+px+q)^k}\mathrm{d}x = \frac{M}{2}\int \frac{\mathrm{d}(x^2+px+q)}{(x^2+px+q)^k} + \left(N-\frac{MP}{2}\right)\int \frac{\mathrm{d}x}{(x^2+px+q)^k},$$

而这些都是已学过的积分.

例 4 求 $\displaystyle\int \frac{\mathrm{d}x}{(x^2-2x+5)^2}$.

解 因为 $(x^2-2x+5)^2 = [2^2+(x-1)^2]^2$，令 $x-1=2\tan t, t\in\left(-\dfrac{\pi}{2},\dfrac{\pi}{2}\right)$，则

$$\int \frac{\mathrm{d}x}{(x^2-2x+5)^2} = \int \frac{2\sec^2 t}{2^4\sec^4 t}\mathrm{d}t = \frac{1}{16}\int(1+\cos 2t)\mathrm{d}t = \frac{t}{16}+\frac{1}{16}\sin t\cos t + C$$

$$= \frac{1}{16}\arctan\frac{x-1}{2}+\frac{1}{8}\cdot\frac{x-1}{x^2-2x+5}+C.$$

例 5 求 $\displaystyle\int \frac{2x^6+3x^5+2x^2-4}{x^4-1}\mathrm{d}x$.

解 由例 2、例 3 可知，

$$\int \frac{2x^6+3x^5+2x^2-4}{x^4-1}\mathrm{d}x$$

$$= \int(2x^2+3x)\mathrm{d}x + \frac{3}{4}\int \frac{\mathrm{d}x}{x-1} + \frac{3}{4}\int \frac{\mathrm{d}x}{x+1} - \frac{3}{2}\int \frac{x}{x^2+1}\mathrm{d}x + \int \frac{4}{x^2+1}\mathrm{d}x$$

$$= \frac{2}{3}x^3+\frac{3}{2}x^2+\frac{3}{4}\ln|x-1|+\frac{3}{4}\ln|x+1|-\frac{3}{4}\ln(x^2+1)+4\arctan x+C.$$

二、简单无理函数的积分

简单无理函数为形如 $R(x,\sqrt[n]{ax+b})$ 或 $R\left(x,\sqrt[n]{\dfrac{ax+b}{cx+e}}\right)$ 的函数，其中 R 为有理函数. 作代换去掉根号是计算该积分的方法.

例 6 求积分 $\displaystyle\int \frac{1}{x}\sqrt{\frac{1+x}{x}}\mathrm{d}x$.

解 令 $\sqrt{\dfrac{1+x}{x}}=t$，得 $\dfrac{1+x}{x}=t^2$，所以 $x=\dfrac{1}{t^2-1}, \mathrm{d}x=-\dfrac{2t\mathrm{d}t}{(t^2-1)^2}$. 因此

$$\int \frac{1}{x}\sqrt{\frac{1+x}{x}}\mathrm{d}x = -\int(t^2-1)t\frac{2t}{(t^2-1)^2}\mathrm{d}t = -2\int \frac{t^2\mathrm{d}t}{t^2-1}$$

$$= -2\int\left(1+\frac{1}{t^2-1}\right)\mathrm{d}t = -2t - \ln\left|\frac{t-1}{t+1}\right|+C$$

$$= -2\sqrt{\frac{1+x}{x}} - \ln\left|x\left(\sqrt{\frac{1+x}{x}}-1\right)^2\right|+C.$$

例7 求积分 $\int \dfrac{1}{\sqrt{x+1}+\sqrt[3]{x+1}}dx$.

解 令 $t^6 = x+1$，则 $6t^5 dt = dx$. 因此

$$\int \dfrac{1}{\sqrt{x+1}+\sqrt[3]{x+1}}dx = \int \dfrac{1}{t^3+t^2}\cdot 6t^5 dt = 6\int \dfrac{t^3}{t+1}dt$$

$$= 2t^3 - 3t^2 + 6t - 6\ln|t+1| + C$$

$$= 2\sqrt{x+1} - 3\sqrt[3]{x+1} + 3\sqrt[6]{x+1} - 6\ln(\sqrt[6]{x+1}+1) + C.$$

说明：无理式去掉根号时，取根指数的最小公倍数.

习题 4-4

求下列不定积分：

(1) $\int \dfrac{x\,dx}{(x+1)(x+2)(x+3)}$;

(2) $\int \dfrac{dx}{(x^2+1)(x^2+x)}$;

(3) $\int \dfrac{1}{1+x^4}dx$;

(4) $\int \dfrac{dx}{3+\sin^2 x}$;

(5) $\int \dfrac{dx}{2\sin x - \cos x + 5}$;

(6) $\int \dfrac{\sqrt{x+1}-1}{\sqrt{x+1}+1}dx$;

(7) $\int \sqrt{\dfrac{1-x}{1+x}}\dfrac{dx}{x}$;

(8) $\int \dfrac{dx}{\sqrt[3]{(x+1)^2(x-1)^4}}$.

第五章 定积分

在三百多年以前,很多科学问题都归结于计算区域面积、曲线长度等几何问题,而在物理学上就通常需要计算变力做功,变速直线运动求路程等问题. 这些问题的解决导致了积分学的产生. 积分学至今在工程、机电,甚至经济等方面都有广泛的应用.

第一节 定积分的概念和性质

一、引例

1. 曲边梯形的面积

设 $y=f(x)$ 在区间 $[a,b]$ 上非负、连续,由直线 $x=a, x=b, y=0$ 及曲线 $y=f(x)$ 所围成的图形称为曲边梯形(见图 5.1). 下面求曲边梯形的面积.

在 $[a,b]$ 中任意插入若干个分点
$$a = x_0 < x_1 < x_2 < \cdots < x_{n-1} < x_n = b,$$
将区间 $[a,b]$ 分成 n 个小区间
$$[x_0, x_1], [x_1, x_2], \cdots, [x_{n-1}, x_n],$$
其长度依次为:

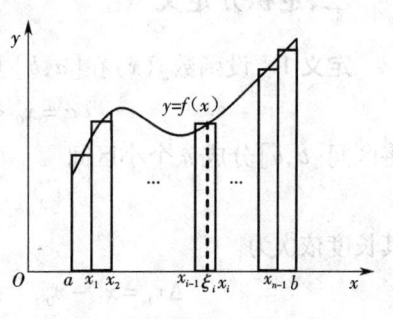

图 5.1

$$\Delta x_1 = x_1 - x_0, \quad \Delta x_2 = x_2 - x_1, \quad \cdots, \quad \Delta x_n = x_n - x_{n-1},$$
在每个小区间 $[x_{i-1}, x_i]$ 上任取一点 ξ_i,则以 $[x_{i-1}, x_i]$ 为底, $f(\xi_i)$ 为高的窄矩形的面积可近似替代第 i 个窄曲边梯形的面积. 而这样得到的 n 个窄矩形的面积之和可作为所求曲边梯形面积 A 的近似值,即
$$A = \sum_{i=1}^{n} f(\xi_i) \Delta x_i,$$
记 $\lambda = \max\{\Delta x_1, \Delta x_2, \cdots, \Delta x_n\}$,则当 $\lambda \to 0$ 时,取上述和式的极限,便得曲边梯形的面积
$$A = \lim_{\lambda \to 0} \sum_{i=1}^{n} f(\xi_i) \Delta x_i.$$

2. 变速直线运动的路程

设某物体做直线运动,已知速度 $v = v(t)$ 是时间间隔 $[T_1, T_2]$ 上的一个连续函数,且

$v(t) \geq 0$,下面求物体在这段时间内所经过的路程 s.

把整段时间分割成若干小段,即加入 $n-1$ 个分点
$$T_1 = t_0 < t_1 < t_2 < \cdots < t_{n-1} < t_n = T_2,$$
得到 n 个小时间区间 $[t_{i-1}, t_i]$ $(i=1,2,\cdots,n)$. 当各个小区间的长度很小时,在小区间上的路程可近似看作以 $v(\tau_i)$ $(\tau_i \in [t_{i-1}, t_i])$ 为大小的匀速运动的路程,即
$$\Delta s_i \approx v(\tau_i) \Delta t_i,$$
从而
$$s \approx \sum_{i=1}^{n} v(\tau_i) \Delta t_i,$$
取 $\lambda = \max\{\Delta t_1, \Delta t_2, \cdots, \Delta t_n\}$,则
$$s = \lim_{\lambda \to 0} \sum_{i=1}^{n} v(\tau_i) \Delta t_i.$$

在这两个例子中,不管是面积计算,还是路程计算,都体现了"分割、取点、求和、取极限"的思想,而其结果都是某函数的和式极限,即
$$\lim_{\lambda \to 0} \sum_{i=1}^{n} f(\xi_i) \Delta x_i.$$
于是可以将这种相同的和式极限结构抽象为一个一般的数学概念——定积分.

二、定积分定义

定义 1 设函数 $f(x)$ 在 $[a,b]$ 上有界,在 $[a,b]$ 中任意插入若干个分点
$$a = x_0 < x_1 < x_2 < \cdots < x_{n-1} < x_n = b,$$
将区间 $[a,b]$ 分成 n 个小区间
$$[x_0, x_1], [x_1, x_2], \cdots, [x_{n-1}, x_n]$$
其长度依次为
$$\Delta x_1 = x_1 - x_0, \quad \Delta x_2 = x_2 - x_1, \quad \cdots, \quad \Delta x_n = x_n - x_{n-1},$$
在每个小区间 $[x_{i-1}, x_i]$ 上任取一点 ξ_i $(x_{i-1} \leq \xi_i \leq x_i)$,作函数 $f(\xi_i)$ 与小区间长度 Δx_i 的乘积 $f(\xi_i) \Delta x_i$ $(i=1,2,\cdots,n)$,并作和式
$$\sum_{i=1}^{n} f(\xi_i) \Delta x_i$$
记 $\lambda = \max\{\Delta x_1, \Delta x_2, \cdots, \Delta x_n\}$,若不论对 $[a,b]$ 怎样划分,也不论在小区间 $[x_{i-1}, x_i]$ 上点 ξ_i 怎样选取,$\lim_{\lambda \to 0} \sum_{i=1}^{n} f(\xi_i) \Delta x_i$ 均存在,则称这个极限为函数 $f(x)$ 在 $[a,b]$ 上的定积分(简称积分),记作
$$\int_a^b f(x) \, dx,$$
其中 $f(x)$ 称为被积函数,$f(x) dx$ 称为被积表达式,x 称为积分变量,$[a,b]$ 称为积分区间,a 称为积分下限,b 称为积分上限.

注意:(1)积分区间有限,被积函数有界;

(2)与"分法"、"取法"无关;

(3) 定积分的值与积分变量的选取无关,即
$$\int_a^b f(x)\,dx = \int_a^b f(t)\,dt;$$

(4) $f(x)$ 在 $[a,b]$ 有界是 $f(x)$ 在 $[a,b]$ 可积的必要条件,而 $f(x)$ 在 $[a,b]$ 连续是 $f(x)$ 在 $[a,b]$ 上可积的充分条件.

接下来的问题是:函数 $f(x)$ 在 $[a,b]$ 上满足怎样的条件,才使 $f(x)$ 在 $[a,b]$ 上一定可积? 下面给出两个充分条件.

定理 1 设 $f(x)$ 在区间 $[a,b]$ 上连续,则 $f(x)$ 在 $[a,b]$ 上可积.

定理 2 设 $f(x)$ 在区间 $[a,b]$ 上有界,且只有有限个间断点,则 $f(x)$ 在 $[a,b]$ 上可积.

如果我们对面积赋以正负号,而在 x 轴上方的图形面积赋以正号,在 x 轴下方的图形面积赋以负号,则在一般情形下,定积分 $\int_a^b f(x)\,dx$ 的几何意义为:它是介于 x 轴、函数曲线 $y=f(x)$ 的图形及两条直线 $x=a, x=b$ 之间的各部分面积的代数和.

三、定积分的性质

为了以后计算及应用方便起见,首先做如下补充规定:

(1) 当 $a=b$ 时,$\int_a^b f(x)\,dx = 0$.

(2) 当 $a>b$ 时,$\int_a^b f(x)\,dx = -\int_b^a f(x)\,dx$.

由补充规定(2)可知,交换定积分上、下限时,绝对值不变而符号相反.

假设下列性质中所列出的定积分都是存在的,则

性质 1 $\int_a^b [f(x) \pm g(x)]\,dx = \int_a^b f(x)\,dx \pm \int_a^b g(x)\,dx.$

证明
$$\int_a^b [f(x) \pm g(x)]\,dx = \lim_{\lambda \to 0} \sum_{i=1}^n [f(\xi_i) \pm g(\xi_i)]\Delta x_i$$
$$= \lim_{\lambda \to 0} \sum_{i=1}^n f(\xi_i)\Delta x_i \pm \lim_{\lambda \to 0} \sum_{i=1}^n g(\xi_i)\Delta x_i$$
$$= \int_a^b f(x)\,dx \pm \int_a^b g(x)\,dx.$$

此性质可以推广到有限多个函数作和的情况.

性质 2 $\int_a^b kf(x)\,dx = k\int_a^b f(x)\,dx$ (k 是常数).

证明
$$\int_a^b kf(x)\,dx = \lim_{\lambda \to 0} \sum_{i=1}^n kf(\xi_i)\Delta x_i = \lim_{\lambda \to 0} k\sum_{i=1}^n f(\xi_i)\Delta x_i$$
$$= k\lim_{\lambda \to 0} \sum_{i=1}^n f(\xi_i)\Delta x_i = k\int_a^b f(x)\,dx.$$

性质 3 设 $a<c<b$,则
$$\int_a^b f(x)\,dx = \int_a^c f(x)\,dx + \int_c^b f(x)\,dx.$$

这个性质表明定积分对积分区间具有可加性,而且不论 a,c,b 的相对位置如何,此等式总是成立的.

性质 4 如果在区间 $[a,b]$ 上,$f(x) \equiv 1$,则
$$\int_a^b 1 \mathrm{d}x = \int_a^b \mathrm{d}x = b - a.$$

性质 5 如果在区间 $[a,b]$ 上,$f(x) \geq 0$,则
$$\int_a^b f(x) \mathrm{d}x \geq 0 \quad (a < b).$$

证明 由 $f(\xi_i) \geq 0 \ (i = 1, 2, \cdots, n)$,$\Delta x_i \geq 0$,则
$$\sum_{i=1}^n f(\xi_i) \Delta x_i \geq 0,$$
又 $\lambda = \max\{\Delta x_1, \Delta x_2, \cdots, \Delta x_n\}$,则由极限的保号性有
$$\lim_{\lambda \to 0} \sum_{i=1}^n f(\xi_i) \Delta x_i = \int_a^b f(x) \mathrm{d}x \geq 0.$$

推论 1 如果在区间 $[a,b]$ 上,$f(x) \leq g(x)$,则
$$\int_a^b f(x) \mathrm{d}x \leq \int_a^b g(x) \mathrm{d}x.$$

证明 由 $g(x) - f(x) \geq 0$,得
$$\int_a^b [g(x) - f(x)] \mathrm{d}x \geq 0,$$
即
$$\int_a^b g(x) \mathrm{d}x - \int_a^b f(x) \mathrm{d}x \geq 0,$$
所以
$$\int_a^b f(x) \mathrm{d}x \leq \int_a^b g(x) \mathrm{d}x.$$

推论 2 $\left| \int_a^b f(x) \mathrm{d}x \right| \leq \int_a^b |f(x)| \mathrm{d}x \quad (a < b).$

证明 由于 $-|f(x)| \leq f(x) \leq |f(x)|$,则
$$-\int_a^b |f(x)| \mathrm{d}x \leq \int_a^b f(x) \mathrm{d}x \leq \int_a^b |f(x)| \mathrm{d}x,$$
即
$$\left| \int_a^b f(x) \mathrm{d}x \right| \leq \int_a^b |f(x)| \mathrm{d}x.$$

性质 6(估值不等式) 设 M 及 m 分别是函数 $f(x)$ 在区间 $[a,b]$ 上的最大值及最小值,则
$$m(b-a) \leq \int_a^b f(x) \mathrm{d}x \leq M(b-a) \quad (a < b).$$

证明 由于 $m \leq f(x) \leq M$,则
$$\int_a^b m \mathrm{d}x \leq \int_a^b f(x) \mathrm{d}x \leq \int_a^b M \mathrm{d}x,$$
即
$$m(b-a) \leq \int_a^b f(x) \mathrm{d}x \leq M(b-a).$$

据此性质,利用被积函数在积分区间上的最大值及最小值,可以估计积分值的大致范

围.

性质 7(积分中值定理) 如果函数 $f(x)$ 在闭区间 $[a,b]$ 上连续,则在积分区间 $[a,b]$ 上至少存在一点 ξ,使

$$\int_a^b f(x)\,\mathrm{d}x = f(\xi)(b-a) \quad (a<b)$$

成立. 这个公式叫积分中值公式.

证明 由 $m(b-a) \leqslant \int_a^b f(x)\,\mathrm{d}x \leqslant M(b-a)$,得

$$m \leqslant \frac{1}{b-a}\int_a^b f(x)\,\mathrm{d}x \leqslant M.$$

由介值定理知,在区间 $[a,b]$ 上至少存在一个点 ξ,使

$$f(\xi) = \frac{1}{b-a}\int_a^b f(x)\,\mathrm{d}x,$$

即

$$\int_a^b f(x)\,\mathrm{d}x = f(\xi)(b-a) \quad (a \leqslant \xi \leqslant b).$$

积分中值公式的几何解释:在区间 $[a,b]$ 上至少存在一点 ξ,使得以区间 $[a,b]$ 为底边、曲线 $y=f(x)$ 为曲边的曲边梯形的面积等于同一底边而高为 $f(\xi)$ 的一个矩形的面积(见图 5.2).

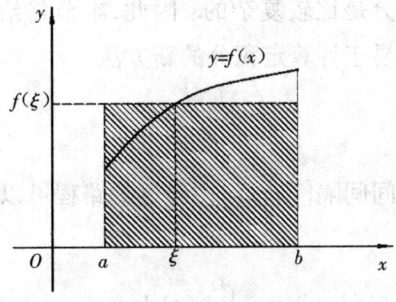

图 5.2

例 1 利用定积分的几何意义,求定积分值 $\int_0^1 \sqrt{1-x^2}\,\mathrm{d}x$.

解 定积分 $\int_0^1 \sqrt{1-x^2}\,\mathrm{d}x$ 表示介于 $x=0, x=1, y=0, y=\sqrt{1-x^2}$ 之间的面积,则

$$\int_0^1 \sqrt{1-x^2}\,\mathrm{d}x = \frac{\pi}{4}.$$

例 2 证明: $\dfrac{2}{3} < \int_0^1 \dfrac{1}{\sqrt{2+x-x^2}}\,\mathrm{d}x < \dfrac{1}{\sqrt{2}}$.

证明 因为 $2+x-x^2 = \dfrac{9}{4} - \left(x-\dfrac{1}{2}\right)^2$ 在 $[0,1]$ 上的最大值为 $\dfrac{9}{4}$,最小值为 2,则

$$\frac{2}{3} < \frac{1}{\sqrt{2+x-x^2}} < \frac{1}{\sqrt{2}},$$

由积分估值不等式有

$$\frac{2}{3} < \int_0^1 \frac{\mathrm{d}x}{\sqrt{2+x-x^2}} < \frac{1}{\sqrt{2}}.$$

习题 5–1

1. 利用定积分的定义计算由抛物线 $y = x^2 + 1$，两直线 $x = a, x = b$ $(b > a)$ 及横轴所围成的图形的面积.

2. 利用定积分的定义计算积分 $\int_a^b x \mathrm{d}x$ $(a < b)$.

3. 利用定积分的几何意义，说明下列等式：

(1) $\int_0^1 \sqrt{1-x^2} \mathrm{d}x = \frac{\pi}{4}$；　　　　(2) $\int_{-\frac{\pi}{2}}^{\frac{\pi}{2}} \cos x \mathrm{d}x = 2 \int_0^{\frac{\pi}{2}} \cos x \mathrm{d}x$.

第二节　微积分基本公式

一般来讲，用定义求定积分是比较复杂的．因此，本节将给出微积分学基本公式，进而提出微分与积分的关系，得到易于计算定积分的新方法．

一、引例

由第一节可知，物体在时间间隔 $[T_1, T_2]$ 内经过的路程可以用速度函数 $v(t)$ 在 $[T_1, T_2]$ 上的定积分

$$s = \int_{T_1}^{T_2} v(t) \mathrm{d}t$$

来表达；另一方面，这段路程又可以通过位置函数 $s(t)$ 在区间 $[T_1, T_2]$ 上的增量

$$s(T_2) - s(T_1)$$

来表达．由此可见，位置函数 $s(t)$ 与速度函数 $v(t)$ 之间有如下的关系：

$$\int_{T_1}^{T_2} v(t) \mathrm{d}t = s(T_2) - s(T_1),$$

显然有 $s'(t) = v(t)$，即位置函数 $s(t)$ 是速度函数 $v(t)$ 的原函数．接下来的讨论，我们将发现上式关系具有一般性，即定积分可以用被积函数的原函数值来表达．

二、变动上限积分

定义 1　设函数 $f(x)$ 在区间 $[a,b]$ 上连续，并且设 x 为 $[a,b]$ 上的一点，则称 $f(x)$ 在部分区间 $[a,x]$ 上的定积分

$$\int_a^x f(t)\,dt$$

为变动上限积分.

同样可以定义变动下限积分

$$\int_x^b f(t)\,dt.$$

函数 $\varphi(x) = \int_a^x f(t)\,dt$ 具有如下的重要性质：

定理 1 如果函数 $f(x)$ 在区间 $[a,b]$ 上连续，则变动上限积分

$$\varphi(x) = \int_a^x f(t)\,dt,$$

在 $[a,b]$ 上可导，并且其导数是

$$\varphi'(x) = \frac{d}{dx}\int_a^x f(t)\,dt = f(x),$$

即变动上限积分是 $f(x)$ 在区间 $[a,b]$ 上的一个原函数.

证明 设 $x \in [a,b], \Delta x \neq 0, x + \Delta x \in [a,b]$，则

$$\frac{\Delta \varphi}{\Delta x} = \frac{\varphi(x+\Delta x) - \varphi(x)}{\Delta x} = \frac{1}{\Delta x}\left(\int_a^{x+\Delta x} f(t)\,dt - \int_a^x f(t)\,dt\right)$$

$$= \frac{1}{\Delta x}\int_x^{x+\Delta x} f(t)\,dt = \frac{1}{\Delta x}f(\xi)\Delta x = f(\xi),$$

其中 ξ 介于 x 与 $x + \Delta x$ 之间，则有

$$\lim_{\Delta x \to 0}\frac{\Delta \varphi}{\Delta x} = \lim_{\Delta x \to 0}f(\xi) = \lim_{\xi \to x}f(\xi) = f(x).$$

这个定理肯定了连续函数一定存在原函数，而且揭示了导数与定积分之间的关系.

三、牛顿 – 莱布尼茨公式

定理 2 如果函数 $F(x)$ 是连续函数 $f(x)$ 在区间 $[a,b]$ 上的一个原函数，则

$$\int_a^b f(x)\,dx = F(b) - F(a) \tag{5-1}$$

证明 函数 $\varphi(x) = \int_a^x f(t)\,dt$ 是 $f(x)$ 的一个原函数，函数 $F(x)$ 也是 $f(x)$ 的一个原函数，由两个原函数之间的关系有

$$F(x) - \varphi(x) = C,$$

在上式中令 $x = a$，得 $F(a) - \varphi(a) = C$. 由 $\varphi(a) = \int_a^a f(t)\,dt = 0$，则 $C = F(a)$. 从而

$$\int_a^x f(t)\,dt = F(x) - F(a).$$

在上式中令 $x = b$，就得到所要证明的公式 (5-1)

由积分性质可知，式 (5-1) 对 $a > b$ 的情形同样成立. 为方便起见，记

$$F(b) - F(a) = [F(x)]_a^b$$

公式(5-1)叫作牛顿(Newton) – 莱布尼茨(Leibniz)公式,也称为微积分基本公式,它给定积分提供了一种有效而简便的计算方法.

例1 计算定积分 $\int_0^1 x^2 dx$.

解 $\int_0^1 x^2 dx = \left[\dfrac{x^3}{3}\right]_0^1 = \dfrac{1}{3} - \dfrac{0}{3} = \dfrac{1}{3}$.

例2 计算 $\int_{-1}^{\sqrt{3}} \dfrac{1}{1+x^2} dx$.

解 $\int_{-1}^{\sqrt{3}} \dfrac{1}{1+x^2} dx = [\arctan x]_{-1}^{\sqrt{3}} = \dfrac{7}{12}\pi$.

例3 计算 $\int_{-2}^{-1} \dfrac{dx}{x}$.

解 $\int_{-2}^{-1} \dfrac{dx}{x} = [\ln|x|]_{-2}^{-1} = \ln 1 - \ln 2 = -\ln 2$.

例4 计算正弦曲线 $y = \sin x$ 在 $[0, \pi]$ 上与 x 轴所围成的平面图形的面积.

解 $A = \int_0^\pi \sin x dx = [-\cos x]_0^\pi = 2$.

例5 求 $\lim\limits_{x \to 0} \dfrac{\int_{\cos x}^1 e^{-t^2} dt}{x^2}$.

解 这是一个 $\dfrac{0}{0}$ 型的未定式,可用洛必达法则计算. 由

$$\dfrac{d}{dx}\int_{\cos x}^1 e^{-t^2} dt = -\dfrac{d}{dx}\int_1^{\cos x} e^{-t^2} dt = -e^{-\cos^2 x} \cdot (-\sin x) = e^{-\cos^2 x} \sin x,$$

得

$$\lim_{x \to 0} \dfrac{\int_{\cos x}^1 e^{-t^2} dt}{x^2} = \lim_{x \to 0} \dfrac{e^{-\cos^2 x} \sin x}{2x} = \dfrac{1}{2e}.$$

例6 $x^3 - \int_0^{y^2} e^{-t^2} dt + y^3 + 4 = 0$,求 y'.

解 两边对 x 求导得

$$3x^2 - 2yy'e^{-y^4} + 3y^2 y' = 0$$

解得

$$y' = \dfrac{3x^2}{2ye^{-y^4} - 3y^2}.$$

习题 5-2

1. 计算下列导数:

(1) 设函数 $y = y(x)$ 由方程 $\int_0^y e^t dt + \int_0^x \cos t dt = 0$ 所确定,求 $\dfrac{dy}{dx}$;

(2) $\dfrac{d}{dx} \int_{\sin x}^{\cos x} \cos(\pi t^2) dt$;

(3) 设 $g(x) = \int_0^{x^2} \dfrac{dx}{1+x^3}$, 求 $g''(1)$.

2. 计算下列各定积分:

(1) $\int_1^2 \left(x^2 + \dfrac{1}{x^2} \right) dx$;

(2) $\int_{-\frac{1}{2}}^{\frac{1}{2}} \dfrac{dx}{\sqrt{1-x^2}}$;

(3) $\int_{-1}^0 \dfrac{3x^4 + 3x^2 + 1}{x^2 + 1} dx$;

(4) $\int_0^{2\pi} |\sin x| dx$.

3. 求下列极限:

(1) $\lim\limits_{x \to +\infty} \dfrac{\left(\int_0^x e^{t^2} dt \right)^2}{\int_0^x e^{2t^2} dt}$;

(2) $\lim\limits_{x \to +0} \dfrac{\int_0^{x^{\frac{1}{2}}} (1 - \cos t^2) dt}{x^{\frac{5}{2}}}$.

第三节 定积分的计算

由上节的结果知道,计算定积分的简单方法是找出被积函数的原函数在积分区间上的增量. 而在第四章中,我们知道求原函数有换元法和分部积分法,因此,可将其方法平行地迁移到定积分的计算中来.

一、定积分的换元法

定理 1 假设函数 $f(x)$ 在区间 $[a,b]$ 上连续,函数 $x = \varphi(t)$ 满足条件:

(1) $\varphi(\alpha) = a$, $\varphi(\beta) = b$;

(2) $\varphi(t)$ 在 $[\alpha,\beta]$ 或者 $[\beta,\alpha]$ 上具有连续导数,且其值域 $R_\varphi \subset [a,b]$,

则有
$$\int_a^b f(x) dx = \int_\alpha^\beta f[\varphi(t)] \varphi'(t) dt.$$

此公式叫定积分的换元公式. 与不定积分的换元公式不同的是:我们只需要计算在新的积分变量下,新的被积函数在新的积分区间内的积分值. 其证明如下:

证明 设 $F(x)$ 是 $f(x)$ 的一个原函数,则
$$\int f(x) dx = F(x) + C,$$

那么
$$\int_a^b f(x) dx = F(b) - F(a) = F[\varphi(\beta)] - F[\varphi(\alpha)].$$

另一方面,由复合函数求导法则可得
$$\int f[\varphi(t)] \varphi'(t) dt = F[\varphi(t)] + C,$$

从而
$$\int_\alpha^\beta f[\varphi(t)] \varphi'(t) dt = F[\varphi(\beta)] - F[\varphi(\alpha)].$$

所以定理成立.

注意:(1)换元公式对 $a>b$ 也成立.

(2)用 $x=\varphi(t)$ 把原来的变量 x 代换成新变量 t 时,积分限也要换成相应于新变量 t 的积分限;

(3)求出 $f[\varphi(t)]\varphi'(t)$ 的一个原函数 $\Phi(t)$ 后,不必要再把 $\Phi(t)$ 变换成原来变量 x 的函数,而只要把新变量 t 的上、下限分别代入 $\Phi(t)$ 相减就可以了.

例 1 计算 $\int_0^a \sqrt{a^2-x^2}\,dx$ $(a>0)$.

解 设 $x=a\sin t$,则 $dx=a\cos t\,dt$,且当 $x=0$ 时,$t=0$;当 $x=a$ 时,$t=\dfrac{\pi}{2}$,于是有

$$\int_0^a \sqrt{a^2-x^2}\,dx = a^2\int_0^{\frac{\pi}{2}} \cos^2 t\,dt = \frac{a^2}{2}\int_0^{\frac{\pi}{2}}(1+\cos 2t)\,dt$$

$$= \frac{a^2}{2}\left[t+\frac{1}{2}\sin 2t\right]_0^{\frac{\pi}{2}} = \frac{\pi a^2}{4}.$$

例 2 计算 $\int_0^{\frac{\pi}{2}} \cos^5 x \sin x\,dx$.

解 $\int_0^{\frac{\pi}{2}} \cos^5 x \sin x\,dx = -\int_0^{\frac{\pi}{2}} \cos^5 x\,d(\cos x) = -\left[\dfrac{\cos^6 x}{6}\right]_0^{\frac{\pi}{2}} = -\left(0-\dfrac{1}{6}\right) = \dfrac{1}{6}.$

在例 2 中,如果我们不明显地写出新变量 t,那么定积分的上、下限就不要变更.

例 3 计算 $\int_0^{\pi} \sqrt{\sin^3 x - \sin^5 x}\,dx$.

解 $\int_0^{\pi} \sqrt{\sin^3 x - \sin^5 x}\,dx = \int_0^{\frac{\pi}{2}} \sin^{\frac{3}{2}}x \cos x\,dx + \int_{\frac{\pi}{2}}^{\pi} \sin^{\frac{3}{2}}x(-\cos x)\,dx$

$$= \int_0^{\frac{\pi}{2}} \sin^{\frac{3}{2}}x\,d(\sin x) - \int_{\frac{\pi}{2}}^{\pi} \sin^{\frac{3}{2}}x\,d(\sin x)$$

$$= \left[\frac{2}{5}\sin^{\frac{5}{2}}x\right]_0^{\frac{\pi}{2}} - \left[\frac{2}{5}\sin^{\frac{5}{2}}x\right]_{\frac{\pi}{2}}^{\pi} = \frac{2}{5} - \left(-\frac{2}{5}\right) = \frac{4}{5}.$$

如果忽略 $\cos x$ 在 $\left[\dfrac{\pi}{2},\pi\right]$ 上非正,而按 $\sqrt{\sin^3 x - \sin^5 x} = \sin^{\frac{3}{2}}x\cos x$ 计算,将导致错误结果.

例 4 证明:(1)若函数 $f(x)$ 在区间 $[-a,a]$ 上连续,且为偶函数,则

$$\int_{-a}^{a} f(x)\,dx = 2\int_0^a f(x)\,dx;$$

(2)若函数 $f(x)$ 在区间 $[-a,a]$ 上连续,且为奇函数,则

$$\int_{-a}^{a} f(x)\,dx = 0.$$

证明 因为

$$\int_{-a}^{a} f(x)\,dx = \int_{-a}^{0} f(x)\,dx + \int_0^a f(x)\,dx,$$

对积分 $\int_{-a}^{0} f(x)\,dx$，作代换 $x = -t$，则得

$$\int_{-a}^{0} f(x)\,dx = -\int_{a}^{0} f(-t)\,dt = \int_{0}^{a} f(-t)\,dt = \int_{0}^{a} f(-x)\,dx,$$

所以

$$\int_{-a}^{a} f(x)\,dx = \int_{0}^{a} f(-x)\,dx + \int_{0}^{a} f(x)\,dx = \int_{0}^{a} [f(x) + f(-x)]\,dx.$$

(1) 若 $f(x)$ 为偶函数，则 $f(x) + f(-x) = 2f(x)$，所以

$$\int_{-a}^{a} f(x)\,dx = 2\int_{0}^{a} f(x)\,dx;$$

(2) 若 $f(x)$ 为奇函数，则 $f(x) + f(-x) = 0$，所以

$$\int_{-a}^{a} f(x)\,dx = 0.$$

利用本例，常可简化奇函数和偶函数在对称区间上定积分的计算.

例 5 设函数

$$f(x) = \begin{cases} xe^{-x^2}, & x \geqslant 0, \\ \dfrac{1}{1+\cos x}, & -1 < x < 0, \end{cases}$$

计算 $\int_{1}^{4} f(x-2)\,dx$.

解 令 $x - 2 = t$，则 $dx = dt$，且当 $x = 1$ 时，$t = -1$；当 $x = 4$ 时，$t = 2$. 于是

$$\int_{1}^{4} f(x-2)\,dx = \int_{-1}^{2} f(t)\,dt = \int_{-1}^{0} \frac{dt}{1+\cos x} + \int_{0}^{2} te^{-t^2}\,dt$$

$$= \left[\tan\frac{t}{2}\right]_{-1}^{0} - \left[\frac{1}{2}e^{-t^2}\right]_{0}^{2} = \tan\frac{1}{2} - \frac{1}{2}e^{-4} + \frac{1}{2}.$$

二、定积分的分部积分法

根据不定积分的分部积分法，可得

$$\int_{a}^{b} u(x)v'(x)\,dx = \left[\int u(x)v'(x)\,dx\right]_{a}^{b} = \left[u(x)v(x) - \int v(x)u'(x)\,dx\right]_{a}^{b}$$

$$= [u(x)v(x)]_{a}^{b} - \int_{a}^{b} u'(x)v(x)\,dx,$$

简记为

$$\int_{a}^{b} uv'\,dx = [uv]_{a}^{b} - \int_{a}^{b} vu'\,dx \quad \text{或} \quad \int_{a}^{b} u\,dv = [uv]_{a}^{b} - \int_{a}^{b} v\,du.$$

此公式即定积分的分部积分公式. 公式表明原函数已经积出的部分可以先用上、下限代入.

例 6 计算 $\int_{0}^{\frac{1}{2}} \arcsin x\,dx$.

解 $\int_{0}^{\frac{1}{2}} \arcsin x\,dx = [x\arcsin x]_{0}^{\frac{1}{2}} - \int_{0}^{\frac{1}{2}} \dfrac{x}{\sqrt{1-x^2}}\,dx$

$$= \frac{1}{2} \cdot \frac{\pi}{6} + \left[\sqrt{1-x^2}\right]_0^{\frac{1}{2}} = \frac{\pi}{12} + \frac{\sqrt{3}}{2} - 1.$$

例 7 计算 $\int_0^1 e^{\sqrt{x}} dx$.

解 先用换元法,令 $\sqrt{x} = t$,则 $x = t^2$, $dx = 2t dt$,且当 $x = 0$ 时,$t = 0$;当 $x = 1$ 时,$t = 1$. 于是
$$\int_0^1 e^{\sqrt{x}} dx = 2\int_0^1 te^t dt = 2\int_0^1 t de^t = 2\left[te^t\right]_0^1 - 2\int_0^1 e^t dt$$
$$= 2e - 2\left[e^t\right]_0^1 = 2e - 2(e-1) = 2.$$

例 8 设 $f(x)$ 在 $(-\infty, +\infty)$ 上连续,证明:
$$\int_0^x f(u)(x-u) du = \int_0^x \left[\int_0^u f(x) dx\right] du.$$

证明 右边 $= u\int_0^u f(x) dx \Big|_0^x - \int_0^x u d\int_0^u f(x) dx = x\int_0^x f(x) dx - \int_0^x uf(u) du$
$$= x\int_0^x f(u) du - \int_0^x uf(u) du = \int_0^x (x-u)f(u) du = \text{左边}.$$

习题 5-3

1. 利用换元法计算下列定积分:

(1) $\int_0^{\frac{\pi}{2}} \sin\varphi \cos^3\varphi d\varphi$;   (2) $\int_0^1 \frac{\sqrt{x}}{2-\sqrt{x}} dx$;

(3) $\int_{\frac{3}{4}}^1 \frac{dx}{\sqrt{1-x}-1}$;   (4) $\int_{\frac{\sqrt{2}}{2}}^1 \frac{\sqrt{1-x^2}}{x^2} dx$;

(5) $\int_1^{\sqrt{3}} \frac{dx}{x^2\sqrt{1+x^2}}$;   (6) $\int_{-\sqrt{2}}^{-2} \frac{dx}{x\sqrt{x^2-1}}$.

2. 利用分部积分法计算下列定积分:

(1) $\int_0^{\ln 2} xe^{-x} dx$;   (2) $\int_0^2 \ln(3+x) dx$;

(3) $\int_0^{\sqrt{3}} x\arctan x dx$;   (4) $\int_{\frac{\pi}{4}}^{\frac{\pi}{3}} \frac{x}{\sin^2 x} dx$.

2. 已知 $f(x) = \tan^2 x$,求 $\int_0^{\frac{\pi}{4}} f'(x)f''(x) dx$.

3. 设 $f(x)$ 在 $[a,b]$ 上连续,证明: $\int_a^b f(x) dx = \int_a^b f(a+b-x) dx$.

4. 设 $f(x)$ 在 $[0,1]$ 上连续,证明:

(1) $\int_0^{\frac{\pi}{2}} f(\sin x) dx = \int_0^{\frac{\pi}{2}} f(\cos x) dx$;   (2) $\int_0^{\pi} xf(\sin x) dx = \frac{\pi}{2}\int_0^{\pi} f(\sin x) dx$.

5. 求下列递推形式的积分

(1) $I_n = \int_0^{\frac{\pi}{2}} \sin^n x dx$ (n 为自然数);   (2) $J_n = \int_0^{\pi} x\sin^n x dx$ (n 为自然数).

第四节 反常积分

一、无穷限的反常积分

定义 1 设函数 $f(x)$ 在区间 $[a, +\infty)$ 上连续,记

$$\int_a^{+\infty} f(x) \mathrm{d}x = \lim_{b \to +\infty} \int_a^b f(x) \mathrm{d}x,$$

则称 $\int_a^{+\infty} f(x) \mathrm{d}x$ 为 $f(x)$ 在区间 $[a, +\infty)$ 上的无穷限反常积分. 若极限

$$\lim_{b \to +\infty} \int_a^b f(x) \mathrm{d}x$$

存在,则称反常积分 $\int_a^{+\infty} f(x) \mathrm{d}x$ 收敛. 设其极限为 I,则称 $\int_a^{+\infty} f(x) \mathrm{d}x$ 收敛于 I. 若极限不存在,称反常积分 $\int_a^{+\infty} f(x) \mathrm{d}x$ 发散.

类似地,可定义 $f(x)$ 在区间 $(-\infty, b]$ 上的无穷限的反常积分

$$\int_{-\infty}^b f(x) \mathrm{d}x = \lim_{a \to -\infty} \int_a^b f(x) \mathrm{d}x,$$

以及在区间 $(-\infty, +\infty)$ 上的无穷限的反常积分

$$\int_{-\infty}^{+\infty} f(x) \mathrm{d}x = \int_{-\infty}^a f(x) \mathrm{d}x + \int_a^{+\infty} f(x) \mathrm{d}x,$$

其中 a 为任意实数,且仅当等式右边两个积分都收敛时,左边的积分收敛.

例 1 计算反常积分 $\int_0^{+\infty} t \mathrm{e}^{-pt} \mathrm{d}t$ (p 是常数,且 $p > 0$).

解 $\int_0^{+\infty} t \mathrm{e}^{-pt} \mathrm{d}t = \left[\int t \mathrm{e}^{-pt} \mathrm{d}t\right]_0^{+\infty} = \left[-\frac{1}{p} \int t \mathrm{d}(\mathrm{e}^{-pt})\right]_0^{+\infty} = \left[-\frac{t}{p} \mathrm{e}^{-pt} + \frac{1}{p} \int \mathrm{e}^{-pt} \mathrm{d}t\right]_0^{+\infty}$

$= \left[-\frac{t}{p} \mathrm{e}^{-pt}\right]_0^{+\infty} - \left[\frac{1}{p^2} \mathrm{e}^{-pt}\right]_0^{+\infty}$

$= -\frac{1}{p} \lim_{t \to +\infty} t \mathrm{e}^{-pt} - 0 - \frac{1}{p^2}(0-1) = \frac{1}{p^2}.$

例 2 证明反常积分 $\int_a^{+\infty} \frac{\mathrm{d}x}{x^p}$ $(a > 0)$,当 $p > 1$ 时收敛;当 $p \leq 1$ 时发散.

证明 当 $p = 1$ 时,有

$$\int_a^{+\infty} \frac{\mathrm{d}x}{x^p} = \int_a^{+\infty} \frac{\mathrm{d}x}{x} = [\ln x]_a^{+\infty} = +\infty,$$

当 $p \neq 1$ 时,有

$$\int_a^{+\infty} \frac{\mathrm{d}x}{x^p} = \left[\frac{x^{1-p}}{1-p}\right]_a^{+\infty} = \begin{cases} +\infty, & p < 1, \\ \dfrac{a^{1-p}}{p-1}, & p > 1. \end{cases}$$

因此,当 $p>1$ 时,此反常积分收敛,其值为 $\dfrac{a^{1-p}}{p-1}$;当 $p\leq 1$ 时,此反常积分发散.

二、无界函数的反常积分

现在把定积分推广到被积函数为无界函数的情形.

定义 2 设函数 $f(x)$ 在 $(a,b]$ 上连续,而在点 a 的右邻域内无界,取 $\varepsilon>0$,记
$$\int_a^b f(x)\,\mathrm{d}x = \lim_{\varepsilon\to 0^+}\int_{a+\varepsilon}^b f(x)\,\mathrm{d}x,$$
则称 $\int_a^b f(x)\,\mathrm{d}x$ 为无界函数 $f(x)$ 在 $(a,b]$ 上的反常积分. 若极限
$$\lim_{\varepsilon\to 0^+}\int_{a+\varepsilon}^b f(x)\,\mathrm{d}x$$
存在,则称反常积分 $\int_a^b f(x)\,\mathrm{d}x$ 收敛. 设其极限为 I,则称 $\int_a^{+\infty} f(x)\,\mathrm{d}x$ 收敛于 I;若极限不存在,则称反常积分 $\int_a^b f(x)\,\mathrm{d}x$ 发散.

类似地,设函数 $f(x)$ 在 $[a,b)$ 上连续,而在点 b 的左邻域内无界,记
$$\int_a^b f(x)\,\mathrm{d}x = \lim_{\varepsilon\to 0^+}\int_a^{b-\varepsilon} f(x)\,\mathrm{d}x,$$
称 $\int_a^b f(x)\,\mathrm{d}x$ 为无界函数 $f(x)$ 在 $[a,b)$ 上的反常积分.

若函数 $f(x)$ 在 $[a,b]$ 上除点 $c\,(a<c<b)$ 外连续,而在点 c 的邻域内无界,如果两个反常积分 $\int_a^c f(x)\,\mathrm{d}x$ 与 $\int_c^b f(x)\,\mathrm{d}x$ 都收敛,则定义
$$\int_a^b f(x)\,\mathrm{d}x = \int_a^c f(x)\,\mathrm{d}x + \int_c^b f(x)\,\mathrm{d}x,$$
它仅当右端两个积分都收敛时才收敛;否则左端的积分发散.

例 3 计算 $\int_0^a \dfrac{\mathrm{d}x}{\sqrt{a^2-x^2}}\;(a>0)$.

解 $\int_0^a \dfrac{\mathrm{d}x}{\sqrt{a^2-x^2}} = \left[\arcsin\dfrac{x}{a}\right]_0^a = \lim_{x\to a^-}\left(\arcsin\dfrac{x}{a}-0\right) = \dfrac{\pi}{2}.$

例 4 证明反常积分 $\int_a^b \dfrac{\mathrm{d}x}{(x-a)^q}$,当 $q<1$ 时收敛;当 $q\geq 1$ 时发散.

证明 当 $q=1$ 时,有
$$\int_a^b \dfrac{\mathrm{d}x}{(x-a)^q} = \int_a^b \dfrac{\mathrm{d}x}{x-a} = \lim_{\varepsilon\to 0^+}\int_{a+\varepsilon}^b \dfrac{\mathrm{d}x}{x-a} = \lim_{\varepsilon\to 0^+}\left[\ln(x-a)\right]_{a+\varepsilon}^b = +\infty,$$
当 $q\neq 1$ 时,有
$$\int_a^b \dfrac{\mathrm{d}x}{(x-a)^q} = \lim_{\varepsilon\to 0^+}\left[\dfrac{(x-a)^{1-q}}{1-q}\right]_{a+\varepsilon}^b = \begin{cases}\dfrac{(b-a)^{1-q}}{1-q}, & q<1,\\ +\infty, & q>1.\end{cases}$$

因此,当 $q<1$ 时,此反常积分收敛,其值为 $\dfrac{(b-a)^{1-q}}{1-q}$;当 $q \neq 1$ 时,此反常积分发散.

*三、Γ 函数

Γ 函数在理论上和应用上都有重要意义.

定义 3 称

$$\Gamma(s) = \int_0^{+\infty} e^{-x} x^{s-1} dx \quad (s>0)$$

为 Γ 函数.

Γ 函数有两个特点:

(1)积分区间为无穷;

(2)当 $s-1<0$ 时,被积函数在点 $x=0$ 的右邻域内无界.

可以证明,对 $s>0$ 有 $\int_0^{+\infty} e^{-x} x^{s-1} dx$ 收敛.其函数图象如图 5.3 所示.

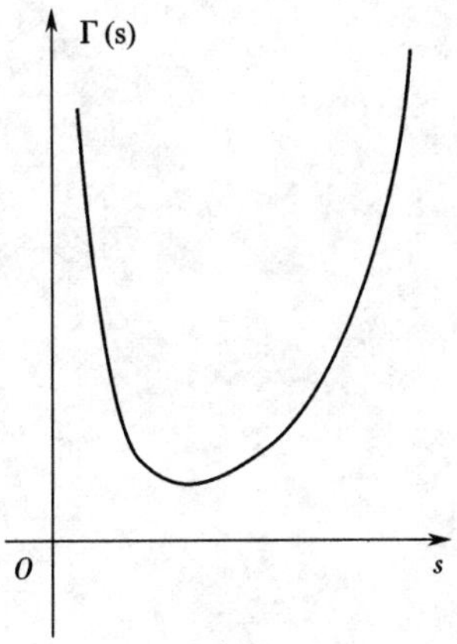

关于 Γ 函数,有以下性质:

(1)递推公式:$\Gamma(s+1) = s\Gamma(s) \quad (s>0)$;

(2)当 $s \to 0^+$ 时,$\Gamma(s) \to +\infty$;

(3)余元公式:$\Gamma(s)\Gamma(1-s) = \dfrac{\pi}{\sin \pi s} \quad (0<s<1)$;

(4)在 $\Gamma(s) = \int_0^{+\infty} e^{-x} x^{s-1} dx$ 中,作代换 $x = u^2$,有

$$\Gamma(s) = 2\int_0^{+\infty} e^{-u^2} u^{2s-1} du,$$

从而有 $\quad \Gamma\left(\dfrac{1}{2}\right) = 2\int_0^{+\infty} e^{-u^2} du = \sqrt{\pi}.$

图 5.3

上式是概率论中常见的结论.

习题 5-4

1. 判别下列各反常积分的收敛性.如果收敛,计算反常积分的值:

(1) $\int_0^{+\infty} e^{-pt} \cos t \, dt \quad (p>1)$;

(2) $\int_{-\infty}^{+\infty} \dfrac{dx}{x^2+2x+2}$;

(3) $\int_0^{+\infty} x^n e^{-x} dx$($n$ 为自然数);

(4) $\int_0^2 \dfrac{dx}{(1-x)^2}$;

(5) $\int_1^2 \dfrac{x \, dx}{\sqrt{x-1}}$;

(6) $\int_0^{+\infty} \dfrac{x \ln x}{(1+x^2)^2} dx$.

2. 求当 k 为何值时,反常积分 $\int_a^b \dfrac{dx}{(x-a)^k} \quad (b>a)$ 收敛?又当 k 为何值时,反常积分发散?

3. 已知
$$f(x) = \begin{cases} 0, & -\infty < x \leq 0, \\ \dfrac{1}{2}x, & 0 < x \leq 2, \\ 1, & 2 < x, \end{cases}$$

试用分段函数表示 $\int_{-\infty}^{x} f(t)\,dt$.

第六章 定积分的应用

在面积、路程、功等量的计算中,如果采用"分割—近似—求和—取极限"的方法计算,那么其过程是比较繁杂的. 因此,本章将提出元素法,以简化这种计算过程,可以看到这种方法在几何、物理等领域有着广泛的应用.

第一节 元素法

一、引例

设 $f(x)$ 在闭区间 $[a,b]$ 上连续且非负,求以曲线 $y=f(x)$ 为曲边、$[a,b]$ 为底边的曲边梯形(见图 6.1)的面积 A.

下面将基于微积分学基本定理解决这个问题.

设 $A(x)$ 为区间 $[a,x]$ 上对应的面积,即它是区间 $[a,x]$ 右端点 x 的函数. 显然 $A(a)=0$,而 $A(b)$ 就是要求的面积 A. 在任意小的区间 $[x,x+dx] \subseteq [a,b]$ 上,以曲线 $y=f(x)$ 为曲边的窄小长条面积为 ΔA,即函数 $A(x)$ 的改变量

$$\Delta A = A(x+dx) - A(x),$$

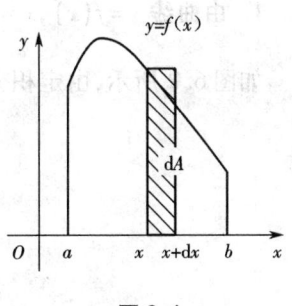

图 6.1

可以证明,当 $dx \to 0$ 时,有

$$\Delta A = A(x+dx) - A(x) = f(x)dx + o(dx),$$

即 $\Delta A \approx f(x)dx$,其差为 dx 的高阶无穷小量. 根据函数微分的定义,有

$$dA(x) = f(x)dx,$$

因此 $A'(x) = f(x)$,由微积分基本定理,所求面积 A 为

$$A = A(b) - A(a) = \int_a^b f(x)dx.$$

可以看出上述求面积的方法避开了"分割—近似—求和—取极限"的过程,并且我们可以将其推广到一般量的计算中去,从而形成元素法.

二、元素法

设要求的量为 U,如面积、路程、功等. 它满足如下条件:

(1) U 与某变量 $x \in [a,b]$ 相关;

(2) U 对于区间 $[a,b]$ 具有可加性;

(3) U 的部分量 ΔU 可以近似计算,误差足够小.

在 U 满足上述三个条件时,可以按照下列步骤计算 U:

(1) $\forall x \in [a,b]$,在$[x,x+\mathrm{d}x]$上求出 U 的部分量 $\Delta U \approx f(x)\mathrm{d}x$,误差为 $o(\mathrm{d}x)$;

(2) $U = \int_a^b f(x)\mathrm{d}x$.

这种计算方法称为元素法,且称 $\mathrm{d}U = f(x)\mathrm{d}x$ 为 U 的元素.

注意:元素法在实际应用时,关键是正确给出 ΔU 的近似表达式,即元素 $f(x)\mathrm{d}x$. 解题时虽不必给出 $\Delta U - f(x)\mathrm{d}x$ 是否为 $\mathrm{d}x$ 的高阶无穷小量的验证或证明,但在求元素 $f(x)\mathrm{d}x$ 时需要小心谨慎.

第二节 平面区域的面积

一、在直角坐标系中的计算

1. 由曲线 $y = f(x)$,$x = a$,$x = b$ $(a<b)$,x 轴围成的区域的面积

如图 6.2 所示,由定积分的几何意义,如果 $y = f(x) \geq 0$,则所围的面积为

$$A = \int_a^b f(x)\mathrm{d}x.$$

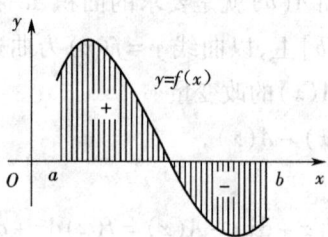

图 6.2

若 $y = f(x)$ 在 $[a,b]$ 上不都是非负的,则所围的面积为

$$A = \int_a^b |f(x)|\mathrm{d}x.$$

2. 由曲线 $y = f_1(x)$,$y = f_2(x)$,$x = a$,$x = b$ $(a<b)$ 所围成的区域(x-区域)的面积

如图 6.3 所示,围成的面积为在 $[a,b]$ 内,由曲线 $f_1(x)$,$f_2(x)$ 所围成的区域的面积. 在 $[a,b]$ 上任一小区间 $[x,x+\mathrm{d}x]$ 上对应的面积元素为

$$\mathrm{d}A = [f_2(x) - f_1(x)]\mathrm{d}x$$

由元素法可得所围成的面积

$$A = \int_a^b [f_2(x) - f_1(x)]\mathrm{d}x$$

3. 曲线 $x=\varphi_1(y), x=\varphi_2(y), y=c, y=d$ ($c<d$) 围成的区域 ($y-$ 区域) 面积

如图 6.4 所示,围成的面积为在 $[c,d]$ 内,由曲线 $\varphi_1(y), \varphi_2(y)$ 所围成的区域的面积. 在 $[c,d]$ 上任一小区间 $[y, y+\mathrm{d}y]$ 上对应的面积元素为
$$\mathrm{d}A = [\varphi_2(y) - \varphi_1(y)]\mathrm{d}y$$

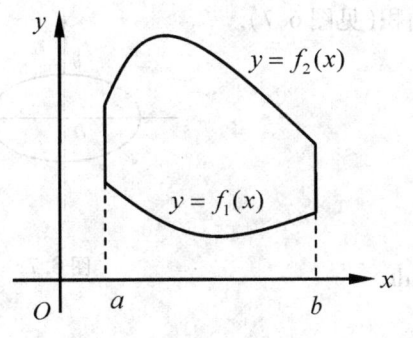

图 6.3

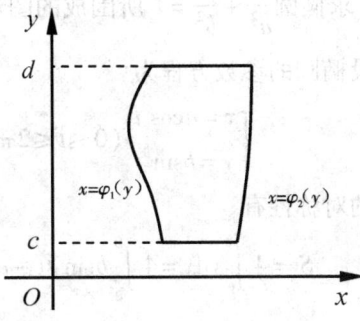

图 6.4

由元素法可得所围成的面积
$$A = \int_c^d [\varphi_2(y) - \varphi_1(y)]\mathrm{d}y.$$

例 1 求曲线 $y=x^2, x=y^2$ 所围成的图形的面积(见图 6.5).

解 解方程组 $\begin{cases} y=x^2, \\ y^2=x, \end{cases}$ 得到曲线的交点 $(0,0)$ 及 $(1,1)$,于是
$$S = \int_0^1 (\sqrt{x} - x^2)\mathrm{d}x = \frac{1}{3}.$$

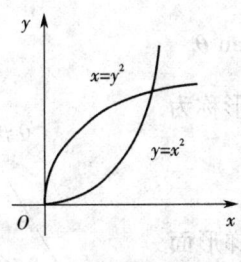

图 6.5

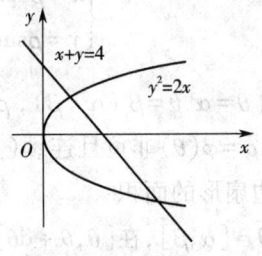

图 6.6

例 2 求抛物线 $y^2=2x$ 与直线 $x+y=4$ 所围成的图形的面积(见图 6.6).

解(解法一) 解方程组 $\begin{cases} y^2=2x, \\ x+y=4, \end{cases}$ 得交点 $(2,2), (8,-4)$. 将图形分割为两个 $x-$ 区域,有
$$S = \int_0^2 [\sqrt{2x} - (-\sqrt{2x})]\mathrm{d}x + \int_2^8 [4-x-(-\sqrt{2x})]\mathrm{d}x$$

$$=2\int_0^2 \sqrt{2x}\,dx+\int_2^8(\sqrt{2x}-x+4)\,dx=18.$$

（解法二） 将图形看作 y-区域，曲线方程写为 $x=\dfrac{y^2}{2}, x=-y+4$，有

$$S=\int_{-4}^2\left[(-y+4)-\dfrac{y^2}{2}\right]dy=18.$$

例 3 求椭圆 $\dfrac{x^2}{a^2}+\dfrac{y^2}{b^2}=1$ 所围成的图形的面积（见图 6.7）.

解 设椭圆的参数方程为

$$\begin{cases}x=a\cos t\\ y=b\sin t\end{cases}(0\leqslant t\leqslant 2\pi),$$

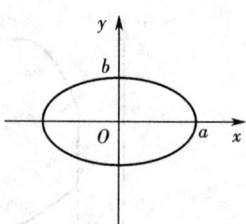

图 6.7

利用图形的对称性有

$$S=4\int_0^a y\,dx=4\int_{\frac{\pi}{2}}^0 b\sin t(-a\sin t)\,dt$$

$$=-4ab\int_{\frac{\pi}{2}}^0 \sin^2 t\,dt=4ab\int_0^{\frac{\pi}{2}}\sin^2 t\,dt=\pi ab.$$

二、在极坐标系中的计算

定义 1 设点 A 由 ρ、θ 唯一确定，其中 ρ 为点 A 到原点 O 的距离，θ 为 $\overrightarrow{Ox}$ 轴绕点 O 逆时针方向旋转到 OA 的最小角度，则称 (ρ,θ) 为点 A 的极坐标. 其中 ρ 称为极径，θ 称为极角，射线 $\overrightarrow{Ox}$ 称为极轴，O 称为极点.

注意：(1) 在某些情况下，ρ 可以取负数，θ 可以取超过 $[0,2\pi]$ 的范围.

(2) 点 A 在直角坐标系下的坐标为 (x,y)，在极坐标系下的坐标为 (ρ,θ)，则

$$\begin{cases}x=\rho\cos\theta,\\ y=\rho\sin\theta,\end{cases}\text{及}\begin{cases}x^2+y^2=\rho^2,\\ \dfrac{y}{x}=\tan\theta.\end{cases}$$

定义 2 由 $\theta=\alpha,\theta=\beta\ (\alpha<\beta),\rho=\varphi(\theta)$ 围成的图形称为曲边扇形，其中 $\rho=\varphi(\theta)$ 非负且连续（见图 6.8）.

下面求曲边扇形的面积.

选取变量 $\theta\in[\alpha,\beta]$，在 $[\theta,\theta+d\theta]$ 上对应的窄曲边梯形面积，即曲边扇形的面积元素为

$$dA=\dfrac{1}{2}\varphi^2(\theta)\,d\theta,$$

则所求曲边扇形的面积为

$$A=\int_\alpha^\beta \dfrac{1}{2}\varphi^2(\theta)\,d\theta.$$

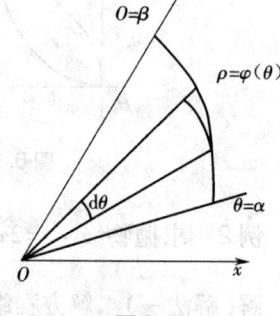

图 6.8

注意：可以证明只要 $\rho=\varphi(\theta)$ 连续，就有 $\Delta A\approx\dfrac{1}{2}\varphi^2(\theta)\,d\theta$，误差为 $o(d\theta)$.

例 4 求阿基米德螺线 $\rho = a\theta\ (a>0)$ 上相应于 θ 从 0 到 2π 的一段弧与极轴所围成的图形的面积(见图 6.9).

解 在极坐标系下,曲边扇形面积公式为

$$S = \int_0^{2\pi} \frac{1}{2}(a\theta)^2 d\theta = \frac{a^2}{2}\left[\frac{\theta^3}{3}\right]_0^{2\pi} = \frac{4}{3}a^2\pi^3.$$

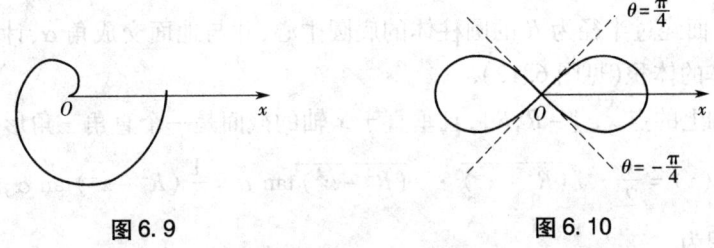

图 6.9   图 6.10

例 5 求双纽线 $\rho^2 = a^2\cos 2\theta$ 所围成的平面图形的面积(见图 6.10).

解 因为 $\rho^2 \geq 0$,故 θ 的取值范围为 $\left[-\dfrac{\pi}{4}, \dfrac{\pi}{4}\right]$ 与 $\left[\dfrac{3\pi}{4}, \dfrac{5\pi}{4}\right]$. 由图形的对称性有

$$S = 4\int_0^{\frac{\pi}{4}} \frac{1}{2}a^2\cos 2\theta d\theta = a^2.$$

习题 6 - 2

1. 求由曲线 $y = 3 - x^2$ 及直线 $y = 2x$ 所围成的平面区域的面积.
2. 求由曲线 $y = e^x, y = e$ 及 y 轴所围成的平面区域的面积.
3. 求由曲线 $y = \ln x$,y 轴与直线 $y = \ln a, y = \ln b\ (b > a > 0)$ 所围成的平面区域的面积.
4. 求由曲线 $y = x^2$ 与直线 $y = x$ 及 $y = 2x$ 所围成的平面区域的面积.
5. 求由曲线 $r = 3\cos\theta$ 及 $r = 1 + \cos\theta$ 所围成图形的公共部分的面积.
6. 求由抛物线 $y^2 = 4ax$ 与过焦点的弦所围成的图形面积的最小值.

第三节 空间立体的体积

一、用截面面积求体积

定义 1 设 Ω 为空间立体,如图 6.11 所示,它夹在垂直于 x 轴的两平面 $x = a$ 与 $x = b$ ($a < b$)之间,过任意一点 $x \in [a, b]$ 作垂直于 x 轴的平面去截 Ω,则截得的面积为 x 的函数,记为 $A(x), x \in [a, b]$,并称它为空间立体 Ω 的截面面积函数.

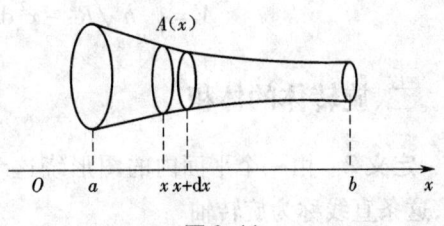

图 6.11

下面用元素法导出由截面面积函数求空间立体体积的计算公式.

设 $A(x)$ 在 $[a,b]$ 上连续,任意取 $x \in [a,b]$,在 $[x, x+dx] \subseteq [a,b]$ 上对应的体积元素为
$$dV = A(x)dx,$$
则立体 Ω 的体积为
$$V = \int_a^b A(x)dx.$$

例1 一平面经过半径为 R 的圆柱体的底圆中心,并与地面交成角 α,计算这平面截圆柱体所围得立体的体积(见图6.12).

解 过 x 轴上的点 $x \in [-R, R]$,且垂直于 x 轴的截面是一个直角三角形,故截面积为
$$A(x) = \frac{1}{2} \cdot \sqrt{(R^2-x^2)} \cdot \sqrt{(R^2-x^2)} \tan\alpha = \frac{1}{2}(R^2-x^2)\tan\alpha,$$
则所求立体体积为
$$V = \int_{-R}^{R} \frac{1}{2}(R^2-x^2)\tan\alpha \, dx = \frac{2}{3}R^3\tan\alpha.$$

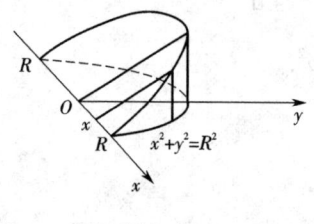

图 6.12

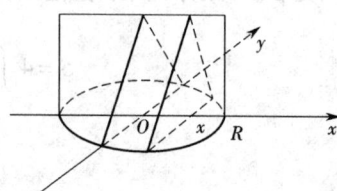

图 6.13

例2 求以半径为 R 的圆为底,平行且等于底圆直径的线段为顶,高为 h 的正劈锥体的体积(见图6.13).

解 取底圆所在平面为 xOy 平面,圆心 O 为原点,x 轴平行于正劈锥体的顶,则底面圆的方程为
$$x^2 + y^2 = R^2,$$
过 x 轴上的点 $x \in [-R, R]$,垂直于 x 轴的截面是等腰三角形,其面积为
$$A(x) = h \cdot y = h\sqrt{R^2-x^2},$$
则所求立体体积为
$$V = \int_{-R}^{R} h\sqrt{R^2-x^2}\, dx = 2R^2 h \int_0^{\frac{\pi}{2}} \cos^2\theta \, d\theta = \frac{\pi R^2 h}{2}.$$

二、旋转体的体积

定义2 由一个平面内的图形绕这个平面内某直线旋转一周而形成的立体称为旋转体,这条直线称为旋转轴.

可见旋转体作为一类特殊的立体,其截面面积 $A(x)$ 很容易求出,故其体积公式容易推出.

设连续函数 $y = f(x)$,$x \in [a,b]$,旋转体是由平面图形

$$0 \leq |y| \leq |f(x)|, x \in [a,b],$$

绕 x 轴旋转一周而得(见图 6.14),那么其在 $[a,b]$ 上的截面面积函数为

$$A(x) = \pi [f(x)]^2,$$

则由公式得旋转体的体积

$$V = \int_a^b \pi [f(x)]^2 dx.$$

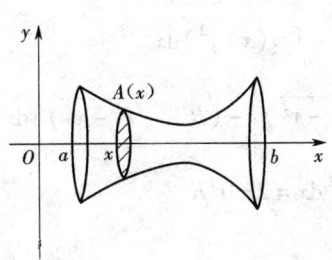

图 6.14

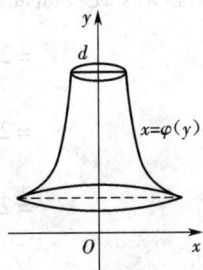

图 6.15

同样可以得到由曲线 $x = \varphi(y), y = c, y = d\ (c < d)$ 及 y 轴围成的曲边梯形绕 y 轴旋转一周的旋转体(见图 6.15)体积

$$V = \int_c^d \pi [\varphi(y)]^2 dy.$$

例 3 求由椭圆 $\dfrac{x^2}{a^2} + \dfrac{y^2}{b^2} = 1$ 所围成的图形绕 x 轴旋转一周而成的旋转体的体积(见图 6.16).

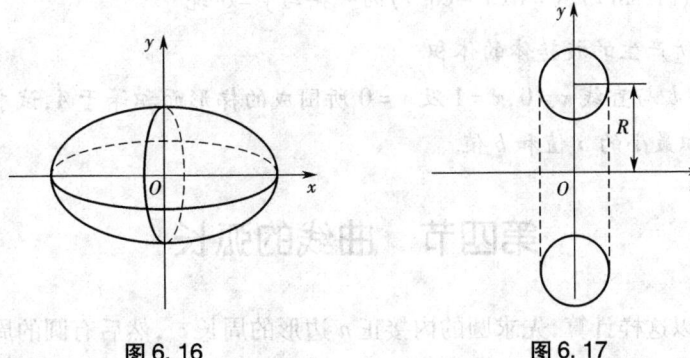

图 6.16　　　　图 6.17

解 该旋转体为上半椭圆

$$y = \frac{b}{a}\sqrt{a^2 - x^2}, \quad -a \leq x \leq a,$$

及 x 轴所围成的图形绕 x 轴旋转一周而围成的立体. 故按旋转体体积公式有

$$V = \int_{-a}^{a} \pi \frac{b^2}{a^2}(a^2 - x^2) dx = \frac{4}{3}\pi ab^2.$$

例 4 求由圆 $x^2 + (y - R)^2 \leq r^2\ (r < R)$ 绕 x 轴一周所得的旋转体的体积(见图 6.17).

解 该旋转体是一个圆环体. 设圆 $x^2 + (y-R)^2 = r^2$ 的上、下半圆分别表示为

$$y_2 = f_2(x) = R + \sqrt{r^2 - x^2}, \quad -r \leqslant x \leqslant r,$$
$$y_1 = f_1(x) = R - \sqrt{r^2 - x^2}, \quad -r \leqslant x \leqslant r,$$

所以旋转体的截面面积函数为

$$A(x) = \pi [f_2(x)]^2 - \pi [f_1(x)]^2 = \pi([f_2(x)]^2 - [f_1(x)]^2),$$

利用体积的对称性以及旋转曲面的体积公式有

$$\begin{aligned} V &= 2 \int_0^r \pi ([f_2(x)]^2 - [f_1(x)]^2) \, dx \\ &= 2\pi \int_0^r \left[\left(R + \sqrt{r^2 - x^2}\right)^2 - \left(R - \sqrt{r^2 - x^2}\right)^2 \right] dx \\ &= 2\pi \int_0^r 4R \sqrt{r^2 - x^2} \, dx = 2\pi^2 r^2 R. \end{aligned}$$

习题 6-3

1. 假设通过椭圆短轴的斜面所截下的椭圆柱体如图 6.18 所示,其中 $|OA| = a, |OB| = b, |AD| = h$,求其体积.

2. 求由曲线 $y = x^2$ 与直线 $x = 1, y = 0$ 所围成的平面图形分别绕 x 轴和 y 轴旋转所产生的旋转体的体积.

3. 求 $y = x^2$ 与 $x = y^2$ 围成的图形绕 y 轴旋转所产生的旋转体的体积.

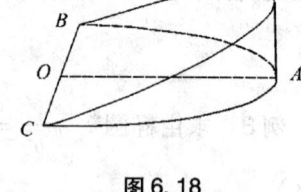

图 6.18

4. 摆线 $x = a(t - \sin t), y = a(1 - \cos t)$ 的一拱与 $y = 0$ 绕直线 $y = 2a$ 旋转所产生的旋转体的体积.

5. 线 $y = ax + b$ 与直线 $x = 0, x = 1$ 及 $y = 0$ 所围成的梯形面积等于 A,试求使这个梯形绕 y 轴旋转所得体积最小的 a 值和 b 值.

第四节 曲线的弧长

圆的周长可以这样计算,先求圆的内接正 n 边形的周长 c_n,然后有圆的周长为 $\lim\limits_{n \to \infty} c_n$. 本节讨论对于一般曲线的弧长计算方法.

对于光滑(或者分段光滑)的曲线段,总是可以求出其长度的. 下面用元素法来讨论曲线段的弧长计算公式.

设曲线 C 由方程

$$\begin{cases} x = x(t), \\ y = y(t), \end{cases} t \in [\alpha, \beta]$$

给出,如图 6.19 所示,其中 $x = x(t), y = y(t)$ 在 $[\alpha, \beta]$ 上有连续的导数. 任取 $t \in [\alpha, \beta]$,在 $[t$,

$t+\Delta t$]上对应的一小段弧为$\widehat{MN}$,其长度为

$$\Delta s \approx \overline{MN} = \sqrt{(\Delta x)^2 + (\Delta y)^2}$$
$$\approx \sqrt{(x'(t)\Delta t)^2 + (y'(t)\Delta t)^2}$$
$$= \sqrt{(x'(t))^2 + (y'(t))^2}\Delta t,$$

则曲线 C 的弧长元素为

$$ds = \sqrt{(x'(t))^2 + (y'(t))^2}dt.$$

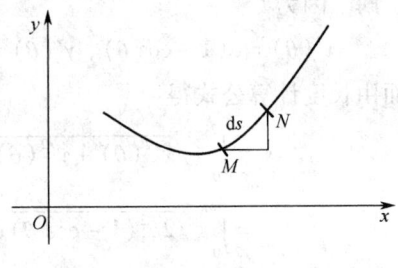

图 6.19

由元素法得到曲线 C 的弧长计算公式

$$s = \int_\alpha^\beta \sqrt{x'^2(t) + y'^2(t)}dt.$$

当曲线 C 由方程 $y=f(x), x\in[a,b]$ 所确定时,弧长为

$$s = \int_a^b \sqrt{1+[f'(x)]^2}dx.$$

当曲线 C 由方程 $x=\varphi(y), y\in[c,d]$ 所确定时,弧长为

$$s = \int_c^d \sqrt{1+[\varphi'(y)]^2}dy.$$

在极坐标下,曲线 C 由方程 $\rho=\rho(\theta), \theta\in[\alpha,\beta]$ 给出,其中 $\rho=\rho(\theta)$ 在 $[\alpha,\beta]$ 上有连续的导数,可将方程由极坐标转换为直角坐标,得到以 θ 为参量的曲线方程

$$\begin{cases} x = \rho\cos\theta, \\ y = \rho\sin\theta, \end{cases} \alpha \leq \theta \leq \beta$$

则弧长为

$$s = \int_\alpha^\beta \sqrt{x'^2(\theta)+y'^2(\theta)}d\theta = \int_\alpha^\beta \sqrt{\rho^2(\theta)+\rho'^2(\theta)}d\theta.$$

例 1 求曲线 $y=\dfrac{2}{3}x^{\frac{3}{2}}$ 上相应于 x 从 a 到 b 的一段弧的长度(图 6.20).

解 由长度计算公式得

$$s = \int_a^b \sqrt{1+y'^2}dx = \int_a^b \sqrt{1+(\sqrt{x})^2}dx$$
$$= \int_a^b \sqrt{1+x}dx = \frac{2}{3}[(1+b)^{\frac{3}{2}} - (1+a)^{\frac{3}{2}}].$$

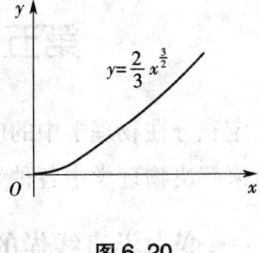

图 6.20

例 2 求圆周 $x=r\cos t, y=r\sin t, t\in[0,2\pi]$ 的弧长.

解 由长度计算公式得

$$s = \int_0^{2\pi} \sqrt{x'^2(t)+y'^2(t)}dt = \int_0^{2\pi}\sqrt{(-r\sin t)^2+(r\cos t)^2}dt = \int_0^{2\pi}rdt = 2\pi r.$$

例 3 求摆线

$$\begin{cases} x = a(\theta-\sin\theta), \\ y = a(1-\cos\theta) \end{cases}$$

的一拱($0\leq\theta\leq 2\pi$)的长度(见图 6.21).

解 因为
$$x'(\theta) = a(1-\cos\theta),\ y'(\theta) = a\sin\theta,$$
从而由长度计算公式得
$$\begin{aligned}s &= \int_0^{2\pi}\sqrt{x'^2(\theta)+y'^2(\theta)}\,d\theta\\ &= \int_0^{2\pi}\sqrt{2a^2(1-\cos\theta)}\,d\theta = 8a.\end{aligned}$$

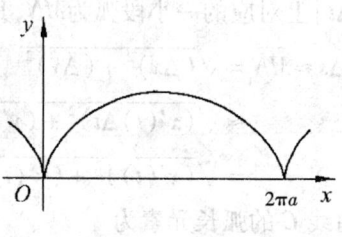

图 6.21

例 4 求阿基米德螺线 $\rho = a\theta\ (a>0)$ 相应于 θ 从 0 到 2π 的一段弧长.

解 因为 $\rho'(\theta) = a$,则由长度计算公式得
$$\begin{aligned}s &= \int_0^{2\pi}\sqrt{\rho^2(\theta)+\rho'^2(\theta)}\,d\theta = \int_0^{2\pi}\sqrt{a^2\theta^2+a^2}\,d\theta\\ &= \frac{a}{2}[2\pi\sqrt{1+4\pi^2}+\ln(2\pi+\sqrt{1+4\pi^2})].\end{aligned}$$

习题 6-4

1. 求曲线 $y=\ln x$ 上相应于 $\sqrt{3}\leq x\leq\sqrt{8}$ 的一段弧长.
2. 求渐伸线 $x=a(\cos t+t\sin t), y=a(\sin t-t\cos t)$ 上相应于 t 从 0 到 π 的一段弧长.
3. 计算星形线 $x=a\cos^3 t, y=a\sin^3 t$ 的全长.
4. 求曲线 $\rho\theta=1$ 自 $\theta=\frac{3}{4}$ 至 $\theta=\frac{4}{3}$ 的一段弧长.
5. 求心形线 $\rho=a(1+\cos\theta)$ 的全长.

第五节 定积分在物理学中的应用

定积分在物理学中的应用非常广泛,本节将使用元素法,通过计算各种物理量的无穷小元素来解决物理学中各种量的计算问题.

一、变力沿直线做的功

如果物体在恒力 $\vec{F}$ 作用下,发生位移 $\vec{s}$,则 $\vec{F}$ 做的功为
$$W = \vec{F}\cdot\vec{s} = |\vec{F}||\vec{s}|\cos\langle\vec{F},\vec{s}\rangle$$

如果 $\vec{F}$ 不是恒力,而是随着物体位置(通常是 Ox 轴上点的坐标 x)而变化,那么 $\vec{F}$ 对物体做的功 W 该如何计算?

设物体受力 $\vec{F}$ 的作用沿 x 轴从点 a 移动到点 b,$\vec{F}$ 平行于 x 轴,其大小 F 为物体所在位置 x 的连续函数

$$F = F(x), \quad a \leq x \leq b,$$

任取 $x \in [a,b]$，在 $[x, x+dx]$ 上力 $\vec{F}$ 所做的功元素为

$$dW = F(x)dx,$$

则

$$W = \int_a^b F(x)dx.$$

例1 在地球表面垂直发射火箭，要使火箭克服地球引力无限远离地球，初速度 v_0 至少要多大？

解 以地球中心为原点，升空方向为正向，建立 x 轴，如图 6.22 所示. 设地球质量为 M，半径为 R，火箭质量为 m，则当火箭距地心 x 处所受的引力为

$$F = G\frac{Mm}{x^2},$$

其中 $G = \frac{R^2 g}{M}$，从而使火箭在地球引力场中从地面升至距球心 x 处所做的功为

$$\int_R^x G\frac{Mm}{x^2}dx = mgR^2\left(\frac{1}{R} - \frac{1}{x}\right).$$

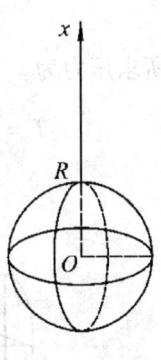

图 6.22

当 $x \to +\infty$ 时，其极限就是火箭无限远离地球所做的功，即

$$W = \lim_{x \to +\infty} mgR^2\left(\frac{1}{R} - \frac{1}{x}\right) = mgR.$$

由机械能守恒定律可求得速度 v_0 至少应满足

$$\frac{1}{2}mv_0^2 = mgR,$$

解得 $v_0 = \sqrt{2gR} \approx 11.2 \text{(km/s)}$.

例2 一圆柱形蓄水池高 5 m，底半径 3 m，池内盛满了水. 问要把池内的水全部吸出，需做多少功？

解 如图 6.23 所示，作 x 轴，设 x 为水的深度，则所求的功 W 相应于 $x \in [0,5]$. 对任意小区间 $[x, x+dx]$ 上的一薄层水吸出所做的功元素为

$$dW = 9.8\pi \cdot 3^2 x \cdot dx$$

根据元素法有

$$W = \int_0^5 9.8\pi \cdot 3^2 x dx = 88.2\pi \cdot \frac{25}{2} \approx 3\ 462 \text{ (kJ)}$$

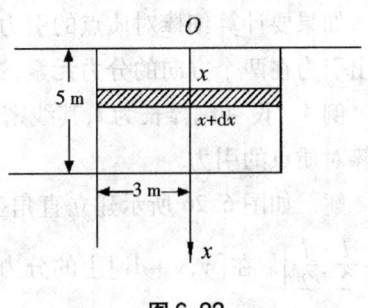

图 6.23

二、水的压力

将面积为 A 的平板水平放置在深为 h 的水中，则其一侧受到的水压力为

$$F = p \cdot A = \rho g h \cdot A$$

如果平板铅直放置在水中,那么上述公式不再适用,此时需要计算水的压力元素,进而求出压力元素的"和".

例3 一半径为 R 的横放圆形管道,有一闸门(见图6.25),已知水的密度为 ρ,问当盛水半满时,闸门所受到的压力是多少?

解 如图6.24所示建立直角坐标系,只需求出半圆 $x^2 + y^2 = R^2$ 在第一、四象限所受的压力 F,则 F 相应于区间 $[0, R]$. 在 $[x, x+dx]$ 上对应的压力元素为

$$dF = \rho g x \cdot 2\sqrt{R^2 - x^2} dx$$

故所求压力为

$$F = \int_0^R \rho g x \cdot 2\sqrt{R^2 - x^2} dx = -\rho g \int_0^R (R^2 - x^2)^{\frac{1}{2}} d(R^2 - x^2) = \frac{2\rho g}{3} R^3.$$

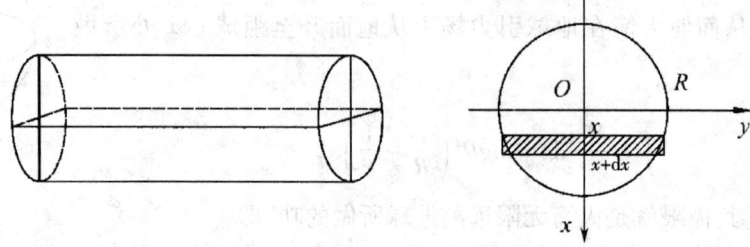

图 6.24

三、引力

设两质点的质量为 m_1 和 m_2,相距 r,则两质点的引力大小为

$$F = G \frac{m_1 m_2}{r^2},$$

其中 G 为引力系数,引力的方向沿着两质点的连线方向.

如果要计算细棒对质点的引力,那么上述公式也不再适用. 因此在求引力大小时,需先求出引力在两个方向的分力元素,进而求出分力,然后得到分力的合力,即所求的引力大小.

例4 设一细棒长为 l,其线密度为 μ,在中垂线上距棒 a 处有一质量为 m 的质点 M,求细棒对质点的引力.

解 如图6.26所示建立直角坐标系,所求引力大小在水平方向上的分力相应于区间 $\left[-\frac{l}{2}, \frac{l}{2}\right]$. 在 $[y, y+dy]$ 上的分力元素为

$$dF_x = -G \frac{m\mu dy}{a^2 + y^2} \cdot \frac{a}{\sqrt{a^2 + y^2}},$$

则在水平方向的分力大小为

$$F_x = -\int_{-\frac{l}{2}}^{\frac{l}{2}} G \frac{m\mu}{a^2+y^2} \cdot \frac{a}{\sqrt{a^2+y^2}} dy = -\frac{2Gm\mu l}{a} \cdot \frac{1}{\sqrt{4a^2+l^2}}.$$

由对称性得,引力在铅直方向的分力大小为 $F_y = 0$. 因此细棒对质点的引力大小为

$$F = \sqrt{F_x^2 + F_y^2} = \frac{2Gm\mu l}{a} \cdot \frac{1}{\sqrt{4a^2+l^2}},$$

其方向为水平向左.

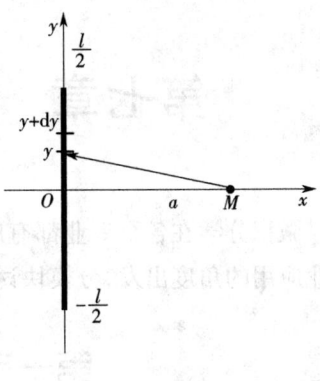

图 6.25

习题 6-5

1. 某物体按规律 $x = ct^3$ 做直线运动,介质的阻力与速度的平方成正比,试计算物体由 $x = 0$ 移至 $x = a$ 时,克服介质阻力所做的功.

2. 有一等腰梯形闸门,它的两条底边长分别为 10 m 和 8 m,高为 20 m,较长的底边与水面相齐,计算闸门的一侧所受的水压力.

3. 半径为 r 的球沉入水中,球的上部与水面相切,球的比重与水相同,现将球从水中取出,需要做多少功?

4. 设有一半径为 R,中心角为 ϕ 的圆弧形细棒,其线密度为常数 ρ,在圆心处有一质量为 m 的质点 M,试求细棒对质点 M 的引力.

第七章　一元微积分学应用模块

微积分学在各个专业都有应用,如物理学、力学、土木工程、机电、经济等领域,本章将从专业应用的角度出发,分模块讨论一元微积分学应用.

第一节　函数与极限应用模块

本节将从函数与极限两个方面介绍其应用.

一、函数模块

1. 土木与机电领域的应用

例 1　在机械工业中,广泛应用曲柄连杆机构,设半径为 r 的主动轮按逆时针方向以等角速度 ω 旋转.那么连杆 BA 带动滑块 A 作往复直线运动,所以曲柄连杆是把转动转换成直线往复运动的一种机械结构.现求滑块 A 的运动规律.

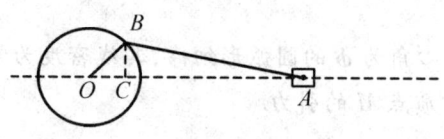

图 7.1

解　设 OA 的长为 S, BA 的长为 l, 下面建立 S 关于时间 t 的变化规律.过 B 作 OA 的垂线交于 C 点,则
$$S = |OC| + |CA|$$
$$= r\cos(\omega t) + \sqrt{l^2 - r^2 \sin^2(\omega t)},$$
其中变量 t 的取值范围为: $[0, +\infty)$,显然 S 的取值范围为 $[l-r, l+r]$.

例 2　某脉冲发生器产生一个三角形电压波,如图 7.2 所示,试写出电压 U 与时间 t 之间的函数关系.

解　分三段直线分别建立变量关系关系.

当 $t \in [0, \frac{\tau}{2}]$ 时,有 $U = \frac{U_0}{\frac{\tau}{2}} t = \frac{2U_0}{\tau} t$.

当 $t \in [\frac{\tau}{2}, \tau]$ 时,有 $U - 0 = \frac{U_0 - 0}{\frac{\tau}{2} - \tau}(t - \tau)$,即 $U = -\frac{2U_0}{\tau}(t - \tau)$.

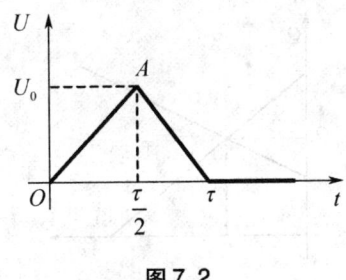

图 7.2

当 $t \in [\tau, +\infty)$ 时,有 $U = 0$.

从而电压 U 与时间 t 之间的函数关系为

$$U = \begin{cases} \dfrac{2U_0}{\tau}t, & t \in [0, \dfrac{\tau}{2}], \\ -\dfrac{2U_0}{\tau}(t-\tau), & t \in (\dfrac{\tau}{2}, \tau], \\ 0, & t \in (\tau, +\infty). \end{cases}$$

在土木和机电专业领域当中还有很多各种各样的例子,在建立函数时要灵活使用几何、物理等性质建立等量关系,从而得到相关的函数关系.

2. 经济领域中的应用

在经济学领域中也有很多较为常见的函数,简要介绍如下.

市场对商品的需求 Q 依赖于商品价格 P,这种依赖关系称为需求函数,即

$$Q = \varphi(P), \ P \in [0, +\infty),$$

通常 $Q = \varphi(P)$ 是递减函数,即价格上升,需求减少. 此时 $Q = \varphi(P)$ 是单调函数,从而存在着反函数 $P = \varphi^{-1}(Q)$,为方便起见 $P = \varphi^{-1}(Q)$ 也称为需求函数.

厂家向市场提供的商品量(供应量)Q 对于价格 P 的依赖关系称为供给函数:

$$Q = \psi(P), \ P \in [0, +\infty)$$

通常 $Q = \psi(P)$ 是递增函数,即价格上升,刺激厂家多生产,Q 增加. 此时 $Q = \psi(P)$ 是单调函数,从而存在着反函数 $P = \psi^{-1}(Q)$,为方便起见 $P = \psi^{-1}(Q)$ 也称为供给函数.

同一市场中,某种商品有时供不应求(供给量少于需求量),此时价格将上升;有时供过于求(供给量多于需求量),此时价格将下降. 市场通过这种客观规律将不断调整价格,使得市场需求量与供给量持平,此时的价格 P_0 称为平衡价格.

将需求函数曲线与供给函数曲线画在同一直角坐标系里,若它们的交点是 (P_0, Q_0),则 P_0 就是平衡价格(图 7.3).

在生产活动中,生产总成本 C 可分为固定成本和可变成本两个部分. 固定成本 C_0 是指与产量无关的部分, 如房租、水电费等;可变成本是指与产量有关的部分.

例如:$C = C_0 + aQ, Q \in [0, +\infty)$,其中 C 为生产总成本,C_0 为固定成本,aQ 为可变成本,$a > 0$ 是常数,Q 是产量.

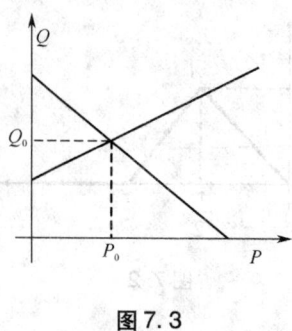

图 7.3

$\overline{C} = \dfrac{C}{Q}$ 称为平均成本,即单位产量的成本.

销售收入 R 依赖于销售量 Q 的函数关系称为收入函数. 对市场来说,销售量就是需求量,对厂家来说,当全部产品都能售完时,销售量就是产量. 若价格为 P, 则收入函数为 $R = PQ$.

销售收入 R 扣除成品 C 后得利润 L, 即 $L(Q) = R(Q) - C(Q)$ 称为利润函数. $\overline{L} = \dfrac{L}{Q}$ 为平均利润函数.

例3 某企业生产某产品的日固定成本为 300 元,每生产一个产品的可变成本为 250 元,求:

(1) 日成本函数;

(2) 若每件产品出厂价为 400 元,那么每天生产 5 件产品时的利润和平均利润是多少? 每天生产多少产品才能达到收支平衡?

解 (1) 成本函数 $C = 300 + 250Q$;

(2) 每天生产 5 件产品时的利润 $L = 400 \times 5 - (300 + 250 \times 5) = 450$(元);平均利润为

$$\dfrac{L}{Q} = 450 \div 5 = 90(\text{元/件})$$

由 $L = 400Q - (300 + 250Q) = 0$ 得到收支平衡的产量为 $Q = 2$(件).

例4 已知某产品价格为 P, 需求函数为 $Q = 50 - 5P$, 成本函数为 $C = 50 + 2Q$, 求产量 Q 为多少时利润 L 最大? 最大利润是多少?

解 已知需求函数为 $Q = 50 - 5P$, 故 $P = 10 - \dfrac{Q}{5}$, 于是收益函数

$$R = P \cdot Q = 10Q - \dfrac{Q^2}{5},$$

这样,利润函数为

$$L(Q) = R(Q) - C(Q) = 8Q - \dfrac{Q^2}{5} - 50$$

$$= -\dfrac{1}{5}(Q - 20)^2 + 30,$$

因此 $Q = 20$ 时取得最大利润为 30.

二、极限模块

例 5 由电学知识知道:对电容器充电过程中,电容器两端的电压 u_c 随时间 t 增大的规律为

$$u_c = E(1 - e^{-\frac{t}{RC}})$$

如图 7.4 所示,那么对电容器无限充电过程中,电压 u_c 可以达到什么程度?

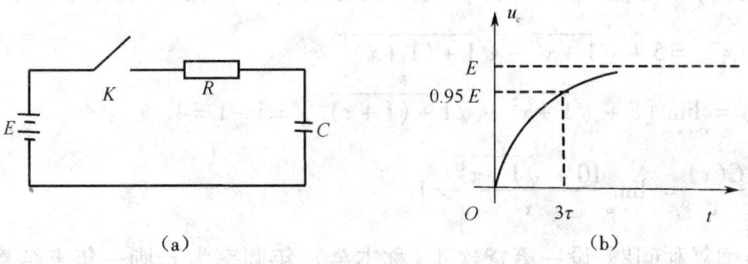

图 7.4

由于 $\lim\limits_{t \to +\infty} u_c = \lim\limits_{t \to +\infty} E(1 - e^{-\frac{t}{RC}}) = E$,所以当充电时间无限增加时,电压 u_c 与 E 无限接近. 在电学中,称 $\tau = RC$ 为时间常数. 当 $t = 3\tau = 3RC$ 时,有

$$u_c = E(1 - e^{-3}) \approx 0.95E.$$

当 $t > 3\tau$ 时,u_c 增加速度变慢,于是通常将 3τ 作为电容器的充电时间. 并且还能看出当 τ 越大,充电时间会越长.

例 6 已知一个 4Ω 的电阻与一个可变电阻 R 并联,如图 7.5 所示,求当可变电阻 R 的支路突然断路时电路的总电阻.

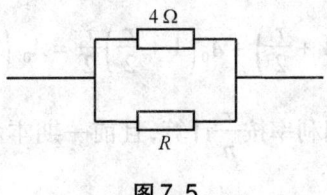

图 7.5

解 由于 $4\ \Omega$ 的电阻与电阻 R 并联,那么总电阻为 $R_{总} = \dfrac{4R}{4+R}$. 当可变电阻 R 的支路突然断路时,可以认为 $R \to +\infty$,从而此时的总电阻为极限

$$\lim_{R \to +\infty} \frac{4R}{4+R} = 4,$$

所以当可变电阻 R 的支路突然断路时电路的总电阻为 $4\ \Omega$.

例 7 已知生产 x 对汽车挡泥板的成本函数为 $C(x) = 10 + \sqrt{1+x^2}$(美元),销售 x 对的收入函数 $R(x) = 5x$.

(1)若出售 $x+1$ 对比出售 x 对所产生的利润增长额为

$$I(x) = [R(x+1) - C(x+1)] - [R(x) - C(x)],$$

当生产稳定,产量很大时,这个增长额为 $\lim\limits_{x \to +\infty} I(x)$,试求这个极限.

(2) 生产 x 对挡泥板时,每对的平均成本为 $\dfrac{C(x)}{x}$,同时产量很大时,每对的成本大致为 $\lim\limits_{x \to +\infty} \dfrac{C(x)}{x}$,试求这个极限.

解 (1) $I(x) = [5(x+1) - (10 + \sqrt{1+(1+x)^2})] - [5x - (10 + \sqrt{1+x^2})]$
$$= 5 + \sqrt{1+x^2} - \sqrt{1+(1+x)^2}$$

所以 $\lim\limits_{x \to +\infty} I(x) = \lim\limits_{x \to +\infty} [5 + \sqrt{1+x^2} - \sqrt{1+(1+x)^2}] = 5 - 1 = 4.$

(2) $\lim\limits_{x \to +\infty} \dfrac{C(x)}{x} = \lim\limits_{x \to +\infty} \dfrac{10 + \sqrt{1+x^2}}{x} = 1.$

例8 连续复利问题. 设一笔贷款 A_0(称本金),年利率为 r,则一年末结算时,其本利之和为
$$A_1 = A_0 + rA_0 = A_0(1+r),$$

二年后的本利和为
$$A_2 = A_1(1+r) = A_0(1+r)^2,$$

k 年后的本利和为
$$A_k = A_0(1+r)^k.$$

如果一年分两期计息,每期利率为 $\dfrac{r}{2}$,且前一期的本利之和作为后一期的本金,则一年末的本利之和为
$$A_2 = A_0\left(1+\dfrac{r}{2}\right) + A_0\left(1+\dfrac{r}{2}\right)\dfrac{r}{2} = A_0\left(1+\dfrac{r}{2}\right)^2.$$

如果一年分 n 期计息,每期利率按 $\dfrac{r}{n}$ 计算,且前一期本利之和为后一期的本金,则一年末的本利之和为
$$A_n = A_0\left(1+\dfrac{r}{n}\right)^n.$$

于是 t 年末共计算 nt 次,其本利和为
$$A_n(t) = A_0\left(1+\dfrac{r}{n}\right)^{nt}.$$

问:当 $n \to \infty$ 时,即利息随时计入本金(即连续复利),t 年末的本利之和 $A(t)$ 为多少?

解 $A(t) = \lim\limits_{n \to \infty} A_n(t) = \lim\limits_{n \to \infty} A_0\left(1+\dfrac{r}{n}\right)^{nt}$
$$= A_0 \lim\limits_{n \to \infty}\left[\left(1+\dfrac{r}{n}\right)^{\frac{n}{r}}\right]^{\frac{r}{n} \cdot nt} = A_0 e^{rt}.$$

习题 7 – 1

1. 由实验知,某种细菌繁殖的速度,在培养基充足等条件满足时,与当时已有的数量 A_0 成正比,即 $V = kA_0$($k > 0$ 为比例常数),问经过时间 t 以后细菌的数量是多少?

2. 空气通过盛有 CO_2 吸收剂的圆柱形器皿,已知它吸收 CO_2 的量与 CO_2 的百分浓度以吸收层厚度成正比. 现有 CO_2 含量为 8% 的空气,通过厚度为 $10\ \text{cm}$ 的吸收层后,其 CO_2 含量为 2%.

   (1) 若通过的吸收层厚度为 $30\ \text{cm}$,出口处空气 CO_2 的含量是多少?

   (2) 若要使出口处空气 CO_2 的含量为 1%,其吸收层厚度应为多少?

3. 人口学家考虑到人口增长受资源、环境等条件的制约,提出人口增长模型

$$p(t) = \frac{p_m}{1 + ce^{-kt}},$$

其中 $p(t)$ 是时刻 t 的人口数,p_m, c, k 均为正的常数.

   (1) 试求极限人口数 $\lim_{t \to +\infty} p(t)$;

   (2) 某国家人口增长模型的常数 $p_m = 275 \times 10^6$, $c = 54$, $k = \ln 12/100$, t 的单位是年. 求 $t = 0$、100 及 200 时该国的人口数.

4. 某社区内有 45000 人口,发现了流感病例,流感的传播规律是 $y(t) = \dfrac{45000}{1 + Be^{-45000kt}}$,其中 $y(t)$ 是时刻 t(星期)后的患流感人数,B 与 k 均为正的常数. 已知流感刚发现时有 200 人患流感,3 星期后有 2800 人患上流感.

   (1) 试确定常数 B 与 k;

   (2) 问 10 星期后将有多少人患流感?

   (3) 如果流感无限期地蔓延开去,最终将有多少人患流感?

第二节 导数与微分应用模块

导数作为数量关系的变化率,在各个领域都有大量应用,本节从土木、机电、经管三个领域举出一些常见的应用.

一、土木应用模块

1. 应力

在外力作用下,杆件某一截面上一点处内力的分布集度称为应力. 如图 7.6 所示. 截面上任意一点 K 的周围微小面积 ΔA 上,内力的合力为 ΔF,则在微面积 ΔA 上内力 ΔF 的平均集度 $F_Q = \dfrac{\Delta F}{\Delta A}$ 称为 ΔA 上的平均应力,当微面积无限趋近于 0 时,平均应力的极

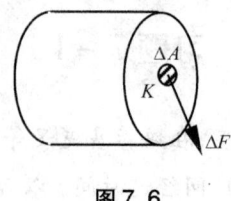

图 7.6

限 P 称为点 K 处的应力

$$P = \lim_{\Delta A \to 0} \frac{\Delta F}{\Delta A} = \frac{\mathrm{d}F}{\mathrm{d}A}.$$

从应力的定义可以看出,某一点的应力可以表述为力 F 对面积 A 的导数,反映内力在截面上的分布情况,有利于对构件强度的研究.

2. 应变

图 7.7 所示微线段 AB 原长为 Δx,变形后 $A'B'$ 的长度为 $\Delta x + \Delta s$,则称 $\varepsilon = \lim\limits_{\Delta x \to 0}\dfrac{\Delta s}{\Delta x}$ 为 A 点沿 AB 方向的线应变,简称应变.

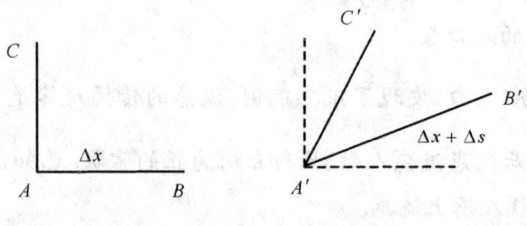

图 7.7

从应变的定义可以看出,应变可以表述为变形量对长度的导数,反映变形程度的大小.应力和应变都是描述即时变化率(导数)的问题.

3. 分布荷载集度 q 与剪力 F_Q、弯矩 M 之间的微分关系

以梁的左端为原点,选取 x 坐标轴,向右为正;若梁上的分布荷载 $q(x)$ 是 x 的连续函数,并规定向上为正,则对于分布荷载集度 q 与剪力 F_Q,弯矩 M 之间有如下微分关系:

$$\frac{\mathrm{d}M(x)}{\mathrm{d}x} = F_Q(x), \quad \frac{\mathrm{d}F_Q}{\mathrm{d}x} = q(x), \quad \frac{\mathrm{d}^2 M(x)}{\mathrm{d}x^2} = q(x),$$

那么弯矩 M 在某点处的导数等于相应截面的剪力 F_Q;剪力 F_Q 在某点处的导数等于相应截面处的荷载集度 q;因此,弯矩 M 在某点处的二阶导数,则等于相应截面处的荷载集度 q.

二、机电应用模块

1. 电流

电流是单位时间通过的电量,即电量关于时间的变化率.设电量 $q = q(t)$,那么电流为

$i(t) = q'(t)$.

例1 设电路中电量为 $q(t) = t^3 - 2t$ (C),求当 t 为何值时电流为 46 A?

解 电流 $i(t) = q'(t) = 3t^2 - 2$,令 $3t^2 - 2 = 46$,得到 $t = 4$,所以当 $t = 4$ s 时,电流为 46 A.

2. 电容器的充电与放电

设电容器充电规律为 $u_c = E(1 - e^{-\frac{t}{RC}})$,下面研究 u_c 随时间增加上升的速度,即 u_c 关于时间的变化率.

由于 $u'_c = -E e^{-\frac{t}{RC}}(-\frac{1}{RC}) = \frac{E}{RC} e^{-\frac{t}{RC}}$,那么当 $t = 0$ 时,$u'_c \big|_{t=0} = \frac{E}{RC}$,此时导数是最大的,即 u_c 上升的速度最快,随着时间的增加 u_c 上升的速度减慢. 这是符合实际情况的,否则的话,如果 u_c 一直以 $\frac{E}{RC}$ 的速度增加,那么当 $t = RC$ 时,电压将达到 E,而实际情况是当 $t = 3RC$ 时,电压才基本达到 E.

3. 零件轮廓加工

例2 一个机械零件的外形曲线为 $x^3 + y^3 - 3xy = 0$,沿着边缘线进行精确切割,为保证切割的精确性,试分析曲线任意点 (x, y) 处的斜率 k 有多大? 其中 $y^2 \neq x$.

解 方程 $x^3 + y^3 - 3xy = 0$ 两边同时对 x 求导,得到
$$3x^2 + 3y^2 y' - 3(y + xy') = 0,$$
从而 $y' = \frac{y - x^2}{y^2 - x}$,即曲线任意点 (x, y) 处的斜率 $k = \frac{y - x^2}{y^2 - x}$.

例3 车工师傅在加工锥形工件时,若已知大头直径 D,小头直径 d,以及长度 l,利用微分的知识近似计算梢度或锥度 α.

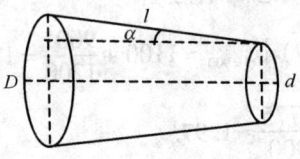

图 7.8

解 由图 7.8 所示显然有
$$\tan \alpha = \frac{D - d}{2l},$$
令 $f(x) = \tan x$,由 $f(x) \approx f(0) + f'(0)x$,得到 $\tan x \approx x$,于是当 α 非常小时有
$$\alpha \approx \tan \alpha = \frac{D - d}{2l},$$
根据 1 弧度 $\approx 57.3°$,那么
$$\alpha \approx \frac{D - d}{2l} \cdot 57.3° = \frac{D - d}{l} \times 28.7°.$$

这个公式在 α < 5° 时是非常精确的.

三、经济应用模块

1. 边际

在经济问题中,常常会使用变化率的概念,变化率分为平均变化率和瞬时变化率. 平均变化率就是函数增量与自变量增量之比,如年产量的平均变化率、成本的平均变化率、利润的平均变化率等. 而瞬时变化率是指函数对自变量的导数,即当自变量增量趋近于零时平均变化率的极限,如果函数 $y = f(x)$ 在 x_0 处可导,则在 $(x_0, x_0 + \Delta x)$ 内的平均变化率为 $\frac{\Delta y}{\Delta x}$;在 $x = x_0$ 处的瞬时变化率为

$$\lim_{\Delta x \to 0} \frac{f(x_0 + \Delta x) - f(x_0)}{\Delta x} = f'(x_0).$$

经济学中称它为 $f(x)$ 在 $x = x_0$ 处的边际函数值(即在 $x = x_0$ 处的导数).

定义1 设函数 $y = f(x)$ 在 x 处可导,则称导数 $f'(x)$ 为 $f(x)$ 的边际函数. $f'(x)$ 在 x_0 处的值 $f'(x_0)$ 为边际函数值,即当 $x = x_0$ 时,x 改变一个单位,y 将改变 $f'(x_0)$ 个单位.

在商业经济活动中,需要研究需求、成本和利润的变化率,就分别称为边际需求、边际成本、边际利润.

例4 设某产品生产 Q 单位时的总成本为 $C(Q) = 1100 + \frac{Q^2}{1200}$,求:

(1) 生产 900 个单位时的总成本和平均成本;

(2) 生产 900 个单位到 1000 个单位的总成本平均变化率;

(3) 生产 900 个单位的边际成本,并解释其经济意义.

解 (1) 生产 900 个单位时的总成本为

$$C(Q) \big|_{Q=900} = 1100 + \frac{900^2}{1200} = 1775.$$

平均成本为 $\overline{C}(Q) \big|_{Q=900} = \frac{1775}{900} \approx 1.97.$

(2) 生产 900 个到 1000 个单位时总成本平均变化率为

$$\frac{\Delta C(Q)}{\Delta Q} = \frac{C(1000) - C(900)}{1000 - 900} = \frac{1933 - 1775}{100} = 1.58.$$

(3) 边际成本函数 $C'(Q) = \frac{2Q}{1200} = \frac{Q}{600}$,当 $Q = 900$ 时的边际成本为

$$C'(Q) \big|_{Q=900} = 1.5.$$

它表示当产量为 900 个单位时,再增产(或减产)一个单位,需增加(或减少)成本 1.5 个单位.

例5 设某产品的需求函数为 $P = 20 - \frac{Q}{5}$,其中 Q 为销售量,P 为价格,求销售量为 15

个单位时的总收益、平均收益与边际收益,并求销售量从 15 个单位增加到 20 个单位时收益的平均变化率.

解 总收益 $R = QP(Q) = 20Q - \dfrac{Q^2}{5}$. 销售量为 15 个单位时,总收益

$$R\mid_{Q=15} = \left(20Q - \dfrac{Q^2}{5}\right)\bigg|_{Q=15} = 255,$$

平均收益

$$\bar{R}\mid_{Q=15} = \dfrac{R(Q)}{Q}\bigg|_{Q=15} = \dfrac{255}{15} = 17,$$

边际收益

$$R'(Q)\mid_{Q=15} = \left(20 - \dfrac{2}{5}Q\right)\bigg|_{Q=15} = 14,$$

当销售量从 15 个单位增加到 20 个单位时收益的平均变化率为

$$\dfrac{\Delta R}{\Delta Q} = \dfrac{R(20) - R(15)}{20 - 15} = \dfrac{320 - 255}{5} = 13.$$

例 6 某商品的需求函数为 $Q = Q(P) = 75 - P^2$,求 $P = 4$ 时的边际需求,并说明其经济意义.

解 $Q'(P) = \dfrac{\mathrm{d}Q}{\mathrm{d}P} = -2P$,当 $P = 4$ 时的边际需求为

$$Q'(P)\mid_{P=4} = -8.$$

它的经济意义是价格为 4 时,价格上涨(或下降)1 个单位,需求量将减少(或增加)8 个单位.

2. 弹性

高等数学中讲过的函数改变量与函数变化率是绝对改变量与绝对变化率,从实践中我们体会到,仅仅研究函数的绝对改变量与绝对变化率是不够的,例如,商品甲、乙的单价分别为 10 元和 1000 元,它们分别涨价 1 元,尽管绝对改变量一样但各与其原价相比,两者涨价的百分比却有很大的不同:商品甲涨价 10%,而商品乙仅仅涨价了 0.1%,因此我们还有必要研究函数的相对改变量与相对变化率.

定义 1 设函数 $y = f(x)$ 在点 x_0 处可导,则称函数相对改变量 $\dfrac{\Delta y}{y_0} = \dfrac{f(x_0 + \Delta x) - f(x_0)}{f(x_0)}$ 与自变量的相对改变量 $\dfrac{\Delta x}{x_0}$ 之比,当 $\Delta x \to 0$ 时的极限

$$\lim_{\Delta x \to 0} \dfrac{\Delta y/y_0}{\Delta x/x_0} = \lim_{\Delta x \to 0} \dfrac{\Delta y}{\Delta x} \cdot \dfrac{x_0}{y_0} = f'(x_0) \cdot \dfrac{x_0}{f(x_0)}$$

为 $f(x)$ 在点 x_0 处的相对变化率或弹性. 记作

$$\dfrac{Ey}{Ex}\bigg|_{x=x_0}, \quad \text{或} \quad \dfrac{Ef(x_0)}{Ex}.$$

对一般的 x, 若 $f(x)$ 可导, 则有 $\dfrac{Ey}{Ex} = f'(x) \dfrac{x}{f(x)}$ 是 x 的函数, 则称 $\dfrac{Ey}{Ex}$ 为 $f(x)$ 的弹性函数.

函数 $f(x)$ 在点 x 的弹性 $\dfrac{Ef(x)}{Ex}$ 反映随着 x 的变化 $f(x)$ 变化幅度的大小, 也就是 $f(x)$ 对 x 变化反应的强烈程度或者灵敏度.

$\dfrac{Ef(x_0)}{Ex}$ 表示在点 x_0 处, 当 x 产生 1% 的变化时, $f(x)$ 近似的改变 $\dfrac{Ef(x_0)}{Ex}\%$.

在市场经济中, 经常要分析一个经济量对另一个经济量相对变化的灵敏程度, 这就是经济量的弹性, 例如, 一般来说, 商品的需求量对市场价格的反应是很灵敏的, 刻画这种灵敏程度的量就是需求弹性.

定义 2 设某商品的需求函数 $Q = f(P)$ 在 P_0 点可导, 称极限

$$\lim_{\Delta P \to 0} \left(-\dfrac{\Delta Q/Q_0}{\Delta P/P_0} \right) = -f'(P_0) \dfrac{P_0}{f(P_0)}$$

为该商品在 P_0 点的需求弹性或需求弹性系数, 记作

$$\eta\big|_{P=P_0} = \eta(P_0) = -f'(P_0) \dfrac{P_0}{f(P_0)}.$$

在上述定义中, 由于 $Q = f(P)$ 为单调减少函数, ΔQ 与 ΔP 异号, P_0, Q_0 为正数, 于是 $\dfrac{\Delta Q/Q_0}{\Delta P/P_0}$ 及 $f'(P_0) \dfrac{P_0}{f(P_0)}$ 皆为负数, 为了用正数表示需求弹性, 故在定义中加了一个负号.

例 7 设某商品的需求函数为 $Q = e^{\frac{-P}{5}}$, 求: (1) 需求弹性函数; (2) $P = 3$、5、6 时的需求弹性, 并解释其经济含义.

解 (1) 由 $Q' = -\dfrac{1}{5} e^{\frac{-P}{5}}$, 那么

$$\eta(P) = -\left(-\dfrac{1}{5} e^{\frac{-P}{5}} \right) \cdot \dfrac{P}{e^{\frac{-P}{5}}} = \dfrac{P}{5}.$$

(2) $\eta(3) = \dfrac{3}{5} = 0.6, \eta(5) = 1, \eta(6) = 1.2$.

经济含义: $\eta(5) = 1$, 说明当 $P = 5$ 时, 需求变动的幅度与价格变动的幅度相同; $\eta(3) = 0.6 < 1$, 说明当 $P = 3$ 时, 需求变动的幅度小于价格变动的幅度, 即此时价格上涨 1%, 需求只减少 0.6%; $\eta(6) = 1.2 > 1$, 说明当 $P = 6$ 时, 需求变动的幅度大于价格变动的幅度, 即此时价格上涨 1%, 需求减少 1.2%.

例 8 某产品滞销, 准备以降价扩大销路, 如果该产品的需求弹性在 $1.5 \sim 2$ 之间, 试问当降价 10% 时, 销售量能增加多少?

解 因 $\eta(p) \approx \dfrac{-\dfrac{\Delta Q}{Q}}{\dfrac{\Delta P}{P}}$, 由题设条件, 得 $1.5 \approx \dfrac{-\dfrac{\Delta Q}{Q}}{-10\%}$, 于是 $\dfrac{-\Delta Q}{Q} \approx 15\%$;

又由 $2 \approx \dfrac{-\dfrac{\Delta Q}{Q}}{-10\%}$,得 $-\dfrac{\Delta Q}{Q} \approx 20\%$.

所以,销售量约能增加 $15\% \sim 20\%$.

例9 某高档商品,因出口需要,拟用提价的方法压缩国内销售量的 20%,该商品的需求弹性系数在 $1.5 \sim 2$ 之间,问应提价多少?

解 由题设条件,得 $1.5 \approx \dfrac{-(-20\%)}{\dfrac{\Delta P}{P}}$,即 $\dfrac{\Delta P}{P} \approx 13.3\%$;

又由 $2 \approx \dfrac{-(-20\%)}{\dfrac{\Delta P}{P}}$,得 $\dfrac{\Delta P}{P} \approx 10\%$. 所以该商品应提价 $10\% \sim 13.3\%$.

习题 7-2

1. 在一圆筒形的储槽中放着液体苯,在苯上面的蒸汽空间的体积 $V_0 = 250(\text{m}^3)$,此蒸汽空间借一连通管与大气相通. 一昼夜中最高及最低的温度为 37.8℃ 及 10℃,大气压为 760(毫米汞柱),试计算在一昼夜中苯的最大损失量.

2. 圆柱型的水箱中水从底部以 3 m³/min 的速率往外流出,水箱半径为 3m,求水箱内液体下降的速率.

3. 某商品需求函数为 $Q = 12 - \dfrac{P}{2}$:

(1) 求需求弹性函数;

(2) 求 $P = 6$ 时的需求弹性;

(3) 在 $P = 6$ 时,若价格上涨 1%,总收益增加还是减少?将变化百分之几?

第三节 极值应用模块

本节主要从各专业领域角度讨论求极值或者函数的最值的应用.

在实际应用中,在求目标函数的最值时,往往在函数的定义域内有且只有一个驻点,所以在很多时候就不再需要讨论该驻点是否为极值或最值,以及是极大还是极小值的问题了.

一、土木应用模块

例1 一简支梁受三角形分布荷载作用,由力学知识可知:

$$剪力 F_Q = P\left(\dfrac{1}{3} - \dfrac{x^2}{l^2}\right), \quad 弯矩 M = \dfrac{Px}{3}\left(1 - \dfrac{x^2}{l^2}\right),$$

其中，P 为三角形分布荷载的合力，l 为梁的长度，x 为梁的横截面所在的位置的坐标.

求：(1) 求最大弯矩 M 发生在梁上截面的什么位置上，并求此时弯矩和剪力各为多少？

(2) 梁上 $x = l$ 处的分布荷载集度 q.

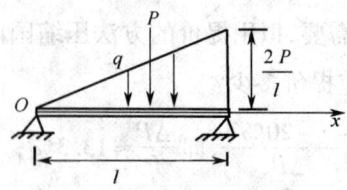

图 7.9

解 (1) 因为 $M = \dfrac{Px}{3}\left(1 - \dfrac{x^2}{l^2}\right), x > 0$，那么

$$M' = \left[\dfrac{Px}{3}\left(1 - \dfrac{x^2}{l^2}\right)\right]' = \dfrac{P}{3}\left(1 - \dfrac{x^2}{l^2}\right) + \dfrac{Px}{3}\left(-\dfrac{2x}{l^2}\right) = \dfrac{P}{3} - \dfrac{Px^2}{l^2}.$$

令 $M' = 0$，则有唯一驻点 $x = \dfrac{\sqrt{3}}{3}l$，即当 $x = \dfrac{\sqrt{3}}{3}l$ 时，弯矩最大值 $M_{\max} = \dfrac{2Pl}{9\sqrt{3}}$.

代入可验证：剪力 $F_Q = 0$（因为 $M' = F_Q = 0$）.

(2) 因为 $F_Q = P\left(\dfrac{1}{3} - \dfrac{x^2}{l^2}\right)$，那么

$$q = F_Q' = \left[P\left(\dfrac{1}{3} - \dfrac{x^2}{l^2}\right)\right]' = -\dfrac{2Px}{l^2}.$$

当 $x = l$ 时，$q\big|_{x=l} = -\dfrac{2P}{l}$（负号表示 q 方向向下）.

例 2 根据力学知识，矩形截面梁的弯曲截面系数 $W = \dfrac{1}{6}bh^2$，其中 h、b 分别为矩形截面的高和宽；W 与梁的承载能力密切相关，W 越大则承载能力越强. 现要将一根直径为 d 的圆木锯成矩形截面梁，如图 7.10 所示. 要使 W 值最大，h、b 应为多少？W 的最大值为多少？

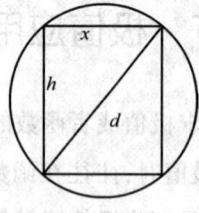

图 7.10

解 设矩形截面的宽为 x，得到

$$W(x) = \dfrac{1}{6}x(d^2 - x^2) \quad (0 < x < d).$$

由此得 $W' = \frac{1}{6}(d^2 - 3x^2)$. 令 $W'(x) = 0$, 得唯一的驻点 $x_1 = \frac{\sqrt{3}}{3}d$.

在本题条件下,可知弯曲截面系数一定有最大值,而定义区间 $(0,d)$ 内只有一个驻点 $x_1 = \frac{\sqrt{3}}{3}d$, 即是最大值点.

故当 $b = \frac{\sqrt{3}}{3}d$, $h = \sqrt{\frac{2}{3}}d$ 时, 弯曲截面系数取得最大值

$$W = \frac{1}{6}\sqrt{\frac{1}{3}}d\left(\sqrt{\frac{2}{3}}d\right)^2 = \frac{\sqrt{3}}{27}d^3.$$

例3 楼顶设置绝热层的投资问题. 住宅为防止冬季取暖时热量的散发所引起供热费用的提高与夏季冷气的损失所引起制冷费用的提高,因而要考虑屋顶设置绝热层的问题. 现有数据如下:顶楼面积为 A(平方米),铺设 1 厘米厚 1 平方米的绝热材料需 q 元,绝热材料的热传导系数为 k,使室内温度每升高 1℃ 或降低 1℃ 需用 p 元,室内要保持的温度与室外温度之差为 d(这里 d 为累计一年的温差总数). 绝热材料可使用 10 年. 问设置多厚的绝热层最经济?

解 首先算出铺设 x 厘米厚绝热材料需投资的费用

$$c_1(x) = qAx = ax, \text{其中 } a = qA.$$

再计算铺设了 x 厘米厚的绝热材料后, 10 年中还需支付的供热费用及制冷费用

$$c_2(x) = \frac{k \cdot 10 \cdot A \cdot d}{x} \cdot p = 10d\frac{k \cdot A}{p}p = 10\frac{b}{x}, \text{其中 } b = dkAp.$$

所以,总费用为 $c(x) = c_1(x) + c_2(x) = ax + \frac{10b}{x}$, $0 < x < +\infty$.

下面求使 $c(x)$ 为最小值时的 x 值. 由于 $c'(x) = a - \frac{10b}{x^2} = 0$, 解得 $x = \sqrt{\frac{10b}{a}}$. 因为 $c(x)$ 只有一个极值点,并且在该点 $c''(x) = \frac{20b}{x^3} > 0$. 所以 $c(x)$ 在 $x = \sqrt{\frac{10b}{a}}$ 时取得最小值.

二、机电应用模块

1. 陷波电路问题

将一个电感为 L 的线圈与一电容为 C 的电容器相并联,试研究此电路阻抗的变化,这里的角频率 ω 在 0 到 $+\infty$ 之间变化,并假定线圈的阻抗等于零.

在电学中已证明,称作陷波电路的这种电路其阻抗是

$$Z = \frac{L\omega}{1 - LC\omega^2},$$

显然,除去 $\omega = 1/\sqrt{LC}$ 外,对 ω 的任意正值,阻抗 Z 都有定义, Z 的导数为

$$\frac{dZ}{d\omega} = \frac{L(1 - LC\omega^2) + 2L^2C\omega^2}{(1 - LC\omega^2)^2} = \frac{L(1 + LC\omega^2)}{(1 - LC\omega^2)^2},$$

分子不可能等于零,因此,Z 没有极大值,也没有极小值.

Z' 总是正的,因而 Z 是单调递增的.

当 $\omega = 0$ 是,$Z' = L$,说明过原点的半切线的斜率是 L.

当 $\omega \to \dfrac{1}{\sqrt{LC}}$ 时,$|Z| \to +\infty$;当 $\omega \to +\infty$ 时,$Z \to 0$,由此得到下表:

ω	0	$\left(0, \dfrac{1}{\sqrt{LC}}\right)$	$\dfrac{1}{\sqrt{LC}}$	$\left(\dfrac{1}{\sqrt{LC}}, +\infty\right)$	$+\infty$
Z'	L	+	不存在	+	0
Z	0	↑ $+\infty$	不存在	$-\infty$ ↑	0

Z 的图形如图 7.11 所示:

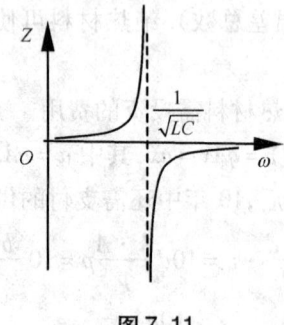

图 7.11

我们看到,阻抗显示非负的,接着变成非正的,当 $LC\omega^2 = 1$ $\left(\text{即 } \omega = \dfrac{1}{\sqrt{LC}}\right)$ 时,阻抗无穷大,这就是得名陷波电路的理由,这种电路在无线电中经常用到.

2. 电池的最佳组合

例 4 有 n 个电动势为 E 的电池,每个的内阻为 r,将它们以下述方式与已知的外电阻 R 连接:分成 s 个并联的分支,m 是每个分支中串联的数目.问 m 和 s 分别为多少时才能使 R 中的有效电功率最大?

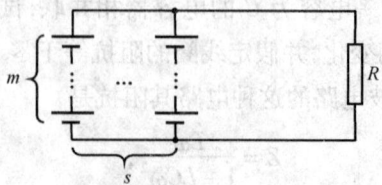

图 7.12

解 显然,总的电动势等于每个单一分支的电动势,即 mE. 每个分支的电阻是 mr,总的

内阻是 $\dfrac{mr}{s}$. 为了使 R 中的电功率最大,电流 I 必须最大(因为电功率 $P = RI^2$). 由基尔霍夫定律,有

$$I = \dfrac{mE}{\dfrac{mr}{s} + R} = \dfrac{smE}{mr + Rs},$$

然而 $ms = n$,由此得

$$I = \dfrac{nE}{mr + \dfrac{Rn}{m}},$$

其中 m 是唯一的变量.

当分母最小时,电流 I 最大. 我们把这个分母记作 y,令它的导数为 0,即

$$y = mr + \dfrac{Rn}{m},$$

则 $y' = r - \dfrac{Rn}{m^2} = 0$,由此得 $m = \sqrt{\dfrac{Rn}{r}}$,及 $s = \dfrac{n}{m} = \sqrt{\dfrac{rn}{R}}$.

因为当 $m < \sqrt{\dfrac{Rn}{r}}$ 时 $y' < 0$,当 $m > \sqrt{\dfrac{Rn}{r}}$ 时 $y' > 0$,所以 $m = \sqrt{\dfrac{Rn}{r}}$ 是极小值点.

显然,m 和 s 必须是正整数,但由它们的表达式知这种可能性很小,在满足 $ms \le n$ 的条件下,我们取与计算的值最接近的整数.

注意,若将求得的 m、s 的值代入总内阻 $\dfrac{mr}{s}$,可得

$$\dfrac{mr}{s} = \dfrac{\sqrt{\dfrac{Rn}{r}} \cdot r}{\sqrt{\dfrac{rn}{R}}} = R$$

即,为使电功率最大,电池的总电阻应等于外电阻.

这个结论带有普遍性,它适用于直流、交流、低频及高频等情况.

三、经济管理模块

1. 以多大利率贷出贷款可获最大利润

例5 某不动产商行能以 5% 的年利率借得贷款,然后它又把此款贷给顾客. 若它能贷出的款额和它贷出的利率的平方成反比(利率太高无人贷款). 问以多大的年利率贷出能使商行所获利润最大?

解 设贷出的年利率为 x,那么贷出的款额为 $\dfrac{k}{x^2}$,$k > 0$ 为常数,商行可以获利

$$P = (x - 0.05)\dfrac{k}{x^2} = \dfrac{k}{x} - \dfrac{0.05k}{x^2}$$

由 $P'(x) = 0$ 得 $-\dfrac{k}{x^2} + \dfrac{0.10k}{x^3} = 0$，所以 $x = 0.10$ 时 $P'(x) = 0$，因为

$$P''(0.1) = k(2000 - 3000) < 0,$$

故 $x = 0.10$ 是个极大值点，且 $P(x)$ 仅有一个极值点，所以 $x = 0.10$ 时获利最大.

例 6 一个银行的统计资料表明，存放在银行中的总存款量正比于银行付给存户利率的平方. 现在假设银行可以用 12% 的利率再投资这笔钱，试问为得到最大利润，银行所支付给存户的利率应定为多少？

解 假设银行支付给存户的年利率是 r（$0 < r \leqslant 1$），这样银行总存款量为 $A = kr^2$（$k > 0$，为比例常数）.

把这笔钱以 12% 的年利率贷出一年后可得贷款为 $(1 + 0.12)A$，而银行支付给存户的贷款为 $(1 + r)A$，银行获利

$$\begin{aligned} P &= (1 + 0.12)A - (1 + r)A = (0.12 - r)A \\ &= (0.12 - r)kr^2, \end{aligned}$$

令 $\dfrac{\mathrm{d}P}{\mathrm{d}r} = k(0.24r - 3r^2) = 0$，得 $r = 0$（舍去）和 $r = 0.08$. 当 $r < 0.08$ 时 $P' > 0$，当 $r > 0.08$ 时 $P' < 0$，则 $r = 0.08$ 是 $(0,1]$ 中唯一的极值点. 故取 8% 的年利率付给存户，银行可获得最大利润.

2. 如何定价使利润最大

例 7 房地产公司有 50 套公寓要出租. 当租金定为每月 180 元时，公寓会全部租出去. 当租金每月增加 10 元时，就有一套公寓租不出去，而租出去的房子每月需花费 20 元的整修维护费. 试问房租定为多少可获得最大收入？

解 设租金为 x 元/月，租出的公寓有 $50 - \left(\dfrac{x - 180}{10}\right)$ 套，总收入为

$$\begin{aligned} R &= (x - 20)\left(50 - \dfrac{x - 180}{10}\right) \\ &= (x - 20)\left(68 - \dfrac{x}{10}\right), \end{aligned}$$

$$R'(x) = \left(68 - \dfrac{x}{10}\right) + (x - 20)\left(-\dfrac{1}{10}\right) = 70 - \dfrac{x}{5},$$

令 $R'(x) = 0$，解得 $x = 350$. 当 $x \in (0, 350)$ 时，$R'(x) > 0$；当 $x \in (350, +\infty)$，$R'(x) < 0$. 所以 $x = 350$ 是极大值点，且 $R(x)$ 只有一个极值点，所以是最大值点. 这时总收入为 10890 元.

例 8 设某商品其成本每件 c 元，当每件售价是 x 元时可售出 $n = \dfrac{a}{x - c} + b(100 - x)$ 件，其中 a, b 均为正的常数. 问售价 x 定为多少时可获得最大利润？

解 每售出一件商品可获得 $x - c$ 元，于是售出 n 件可获利

$$P(x) = (x - c)n = a + (100 - x)(x - c)b, \quad 0 < x < +\infty.$$

下面求 $P(x)$ 的最大值.

由于 $P'(x) = (100 + c - 2x)b = 0$,所以 $x = 50 + \dfrac{c}{2}$. 又因为 $P''(x) = -2b < 0$,所以 $x = 50 + \dfrac{c}{2}$ 是个极大值点,$P(x)$ 只有一个极值点,所以它是最大值点.

故 $x = 50 + \dfrac{c}{2}$ 时可获得最大利润,最大利润为 $P = a + \left(50 - \dfrac{c}{2}\right)^2 b$. 当 $\dfrac{c}{2}$ 不是整数时,取其整数部分 $\left[\dfrac{c}{2}\right]$ 即可.

3. 工人上班何时效率最高

例9 对某工厂的上午班工人的工作效率的研究表明,一个中等水平的工人早上 8:00 开始工作,在 t 小时之后,生产出 $Q(t) = -t^3 + 9t^2 + 12t$ 个晶体管收音机,问:在早上几点钟这个工人工作效率最高?

解 求这个工人几点钟工作效率最高,就是问早上几点钟这个工人的生产效率取到最大值. 对于函数 $y = f(x)$,若自变量 x 在 x_0 点有一个增量 Δx,必然引起 y 的一个增量
$$\Delta y = f(x_0 + \Delta x) - f(x_0),$$
则比值 $\dfrac{\Delta y}{\Delta x}$ 就是当 x 变动一数量 Δx 时,y 关于 x 的平均变化率,在此题中就是一个中等水平的工人的产量 Q 关于 t 的平均生产率. 当 Δx 趋向于 0 时,这个比值的极限就是 y 在所给 x 值时的变化率,即在 t 时刻的生产率. 从而工人的生产率就是导函数
$$R(t) = Q'(t) = -3t^2 + 18t + 12.$$
假定上午班是从早上 8:00 至中午 12:00,则问题转化为求函数 $R(t)$ 在区间 $0 \leqslant t \leqslant 4$ 上的最大值. 令 $R'(t) = Q''(t) = -6t + 18 = 0$,得 $t = 3$. 比较
$$R(0) = 12, R(3) = 39, R(4) = 36.$$
由求函数最大值的方法知,当 $t = 3$ 时,即在中午 11:00,这个工人的工作效率最高.

习题 7-3

1. 在地面上有一圆柱形水塔,水塔内部的直径为 d,并在地面开了一个高为 H 的小门,现在要对水塔进行维修施工,施工方案要求把一根长度为 $l(l > d)$ 的水管运到水塔内部. 请问水塔的门高 H 为多少时,才有可能成功地将水管搬进水塔内?

2. 某社区居民数限定为 30000 人,人口增长率正比于当时人口数与 30000 减去此人口数之差的乘积. 试问:人口多少时的人口增长率最大?

3. 设生产 x 件产品时总成本为 $C(x) = x^2 + 20x + 700$(元),现以每件 100 元的价格销售,能全部售完. 为获取最大利润,应生产该产品多少件,最大利润是多少?

4. 据了解,人的注意能力,是指一个人专心于干某事、或活动时的心理状态。在心理学上有这样的研究实验,发现参与者的专注能力与认识事物的时间有以下函数关系:$F(x) =$

$-0.2x^2+4.8x+30$,其中 $F(x)$ 是专注能力的一种度量,x 是认识事物所用时间(单位:分钟).

(1)请问人的专注能力随时间是如何变化的?

(2)如果是20分钟的教学视频,我应该把重点放在那一时段,才能达到最好效果?

(3)假如一份资料需要50的专注能力,请问这群参与者是否能掌握?

第四节 定积分在专业领域的应用模块

一、土木类应用模块

1. 杆件的变形问题

在工程中常用低碳钢或合金钢材料制成拉杆. 由胡克定律,若杆长和轴力不变,杆的变形 Δl 与轴力 N,杆长 l 成正比,与横截面积 A 成反比,即

$$\Delta l = \frac{N \cdot l}{E \cdot A}$$

其中 E 为弹性系数,它反应杆件抵抗拉伸(或压缩)变形的能力.

当各横截面的轴力不相同时,上述公式不再适用. 此时应用元素法来计算.

例1 垂直金属杆的长度问题. 质地均匀横截面积相等的金属杆垂直地立在地上,由于它本身质量的作用,长度会减少,试求减少的数量.

解 建立坐标系如图 7.13 所示,不妨设 δ 为杆的体密度. $\forall x \in [0,l]$,在 $[x,x+\Delta x]$ 上杆段受的力为

$$N(x) = \delta A x.$$

则在 $[x,x+\Delta x]$ 上杆段减少的量为:

$$d(\Delta l) = \frac{\delta A x \cdot \Delta x}{E \cdot A} = \frac{\delta x}{E} dx,$$

则由元素法得整个杆的减少量为

$$\Delta l = \int_0^l \frac{\delta x}{E} dx = \frac{\delta l^2}{2E}.$$

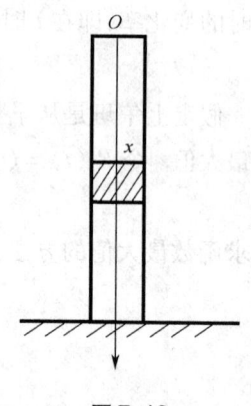

图 7.13

懂得了垂直金属杆的长度会减少的道理,我们在桥梁、厂房等建筑施工中就会把减少的部分考虑进去,从而保证施工的质量.

2. 分布荷载的力矩问题

由力学知识,作用于一点的力 F 对矩心 O 的力矩 $M=Fd$,其中 d 为 O 到 F 的作用线的距离.

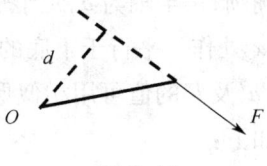

图 7.14

但是当力分布在整个杆件上时,上述力矩计算公式不再适用.

设某水平梁上受分布荷载的作用,其荷载集度单位长度受到的力为 $q(x)(\mathrm{N/m})$,梁长为 $l(\mathrm{m})$,现求该分布荷载对左端点 O 的力矩.

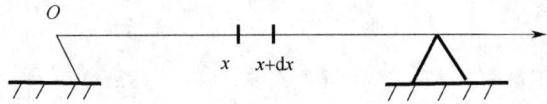

图 7.15

建立坐标系如图 7.15 所示,$\forall x \in [0,l]$. 在 $[x,x+\mathrm{d}x]$ 上的力矩微元为
$$\mathrm{d}M = xq(x)\mathrm{d}x$$
由元素法整个梁上的分布荷载对 O 的力矩为
$$M = \int_0^l xq(x)\mathrm{d}x$$

例2 一水平梁受分布荷载作用. 荷载度 $q(x)=kx$. 梁长为 l,求该分布荷载对应端点 O 的力矩.

解 该分布荷载对应端点 O 的力矩为 $M = \int_0^l kx \cdot x\mathrm{d}x = \dfrac{1}{3}kl^3$.

3. 立交桥桥墩的体积

例3 某立交桥桥墩形如截锥体,其上下底面是半轴长分别为 a,b 和 A,B 的椭圆,其高为 h,求桥墩的体积.

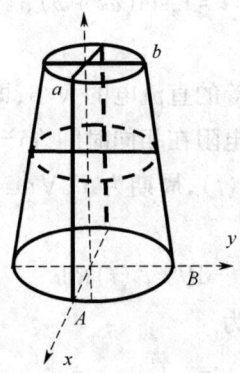

图 7.16

解 如图,上底是一个较小的椭圆,长半轴为 a,短半轴为 b,而下底是一个较大的椭圆,长半轴为 A,短半轴为 B,在距下底 x 处作一平行于下底的平面. 其截面为椭圆. $0 < x < h$,这椭圆长半轴设为 a',短半轴设为 b'. a' 及 b' 的值可用相似形对应边成比例求出,再利用定积分即求出桥墩的体积. 其推导过程如下:

距底面 x 的椭圆方程为:

$$\frac{x^2}{a'^2} + \frac{y^2}{b'^2} = 1,$$

其长半轴为 a',短半轴为 b'. 因为 $\dfrac{h-x}{h} = \dfrac{a'-a}{A-a} = \dfrac{b'-b}{B-b}$,则 $a' = a + \left(1 - \dfrac{x}{h}\right)(A-a)$,$b' = b + \left(1 - \dfrac{x}{h}\right)(B-b)$.

截面面积为

$$s(x) = \pi a' b' = \pi \left[a + \left(1 - \frac{x}{h}\right)(A-a)\right]\left[b + \left(1 - \frac{x}{h}\right)(B-b)\right],$$

故所求体积为

$$V = \int_0^h s(x)\,dx$$

$$= \pi \int_0^h \left[a + \left(1 - \frac{x}{h}\right)(A-a)\right]\left[b + \left(1 - \frac{x}{h}\right)(B-b)\right]dx,$$

积分后

$$V = \frac{1}{6}\pi h\left[(2A+a)B + (2a+A)b\right].$$

二、机电类应用模块

1. 交流电的有效值

交流电流 i 是随时间 t 变化的,即 $i = i(t)$,通常有

$$i = I_m \sin(\omega t + \varphi),$$

其中 I_m 为电流的最大值.

交流电的有效值是指热效应相等的直流电的大小,即当交流电通过电阻在一个周期内产生的热量和某直流电通过同一个电阻在相同时间内产生的热量相等时,这一直流电流的值就叫作交流电的有效值. 电流 $i = i(t)$,周期为 T,$\forall t \in [0, T]$,在 $[t, t+dt]$ 内产生的热量的微元

$$dQ = i^2(t)R\,dt.$$

由微元法得到在周期内产生的热量为

$$Q = \int_0^T i^2(t)R\,dt.$$

设有效电流为 I_0,则有 $Q = I_0^2 RT$,从而

$$I_0 = \sqrt{\frac{1}{T} \cdot \int_0^T i^2(t)\,dt},$$

若 $i(t) = I_m \sin(\omega t + \varphi)$，得

$$I_0 = \sqrt{\frac{\omega}{2\pi} \cdot \int_0^T I_m^2 \sin^2(\omega t + \varphi)\,dt}$$

$$= \frac{\sqrt{2}}{2} I_m \approx 0.707 I_m.$$

例 4 求交流电 $i(t) = I_m \sin(\omega t)$ 的有效功率.

解 有效电流 $I_0 = \frac{\sqrt{2}}{2} I_m$. 则有效功率为 $P_0 = I_0^2 R = \frac{I_m^2}{2} R$.

2. 电容电压的计算问题

例 5 如图 7.17 所示的电路中，当开关 K 合上后，其电流为

$$i(t) = \frac{E}{R} e^{-\frac{t}{RC}},$$

求由 $t = 0$ 开始到 T 时为止电容上的电压.

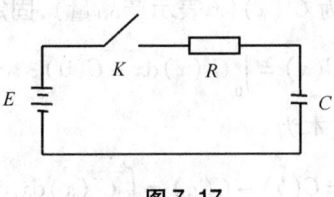

图 7.17

解 取时间 t 为时间变量，则 $0 \le t \le T$ 假设 $[t, t+\Delta t]$ 为 $[0, T]$ 上的任一小区间，当时间由 t 到 $t + \Delta t$ 时，电量的改变量为 $i(t) \cdot \Delta t = i(t)\,dt$，即电量的微元，所以由 0 到 T 时，电容上积累的电量

$$q(t) = \int_0^T i(t)\,dt = \int_0^T \frac{E}{R} e^{-\frac{t}{RC}}\,dt = -EC e^{-\frac{t}{RC}} \Big|_0^T$$

$$= -EC(e^{-\frac{T}{RC}} - e^0) = EC(1 - e^{-\frac{T}{RC}}),$$

于是电容器上的电压为

$$U_m = E(1 - e^{-\frac{T}{RC}}).$$

3. 体积功的计算

在热动力理论中经常计算理想气体在扩展过程中克服外界压强所做的功，这就是体积功，通常计算公式为：

$$W = p \cdot \Delta V,$$

其中 P 为恒定外压，ΔV 为体积的变化量.

但当外压为变化的量时，以上公式不再适用. 设 $p = p(V)$，体积从 V_1 扩张到 V_2，则体积

功元素为 $dW = P(V) \cdot dV$,从而
$$W = \int_{V_1}^{V_2} P(V) \cdot dV.$$

例6 某理想气体在一封闭气缸中,气体缓慢扩张,恒温为 T,体积从 V_1 扩张到 V_2,求体积功.

解 由于 $P = \dfrac{nRT}{V}$,则体积功为
$$W = \int_{V_1}^{V_2} \frac{nRT}{V} dV = nRT\ln\frac{V_2}{V_1}.$$

三、经管类应用模块

1. 由边际函数求总量函数

由于总量函数(如总成本、总收益、总利润等)的导数就是边际函数(如边际成本、边际收益、边际利润等),当已知初始条件时,即可用定积分求出总量函数,在经济活动中经常遇到的求总量问题,有以下几类:

(1)已知某产品的边际成本为 $C'(x)$(x 表示产品量),固定成本 $C(0)$,则总成本函数为
$$C(x) = \int_0^x C'(x)dx + C(0);$$
累计产品从 a 到 b ($a < b$)的总成本为
$$C = C(b) - C(a) = \int_a^b C'(x)dx.$$

(2)已知某产品的边际收入为 $R'(x)$(x 表示销量)则销量 x 个单位的总收入函数
$$R(x) = \int_0^x R'(x)dx.$$
累积销售量从 a 到 b 时的总收入为
$$R = R(b) - R(a) = \int_a^b R'(x)dx.$$

总收入扣除总成本为利润,所以边际利润 = 边际收入 − 边际成本,若已知边际收入 $R(x_1)$ (x_1 表示产量)、边际成本 $C(x_2)$ (x_2 表示销量),假设全部产品无积压时($x_1 = x_2 = x$),则所获总利润为
$$L(x) = R(x) - C(x)$$
$$= \int_0^x [R'(x) - C'(x)]dx - C(0),$$
当累计产品从 a 增加到 b 所获总利润
$$L(x) = \int_a^b [R'(x) - C'(x)]dx.$$

例7 已知生产某产品的边际成本为 $C'(x) = \dfrac{150}{\sqrt{1+x^2}} + 1$(万元/台),边际收入为

$R'(x) = 30 - \dfrac{2}{5}x$(万元/台). 若固定成本为 $C(0) = 10$ 万元,求:(1)总成本函数、总收入函数和总利润函数;(2)当产量从 40 台增加到 80 台时,求其总成本与总收入的增量.

解 (1)总成本为固体成本与可变成本之和,于是,总成本函数为

$$C(x) = C(0) + \int_0^x C'(x) dx$$

$$= 10 + \int_0^x \left(\dfrac{150}{\sqrt{1+x^2}} + 1 \right) dx$$

$$= 10 + \left[150\ln(x + \sqrt{1+x^2}) + x \right] \Big|_0^x$$

$$= 10 + 150\ln(x + \sqrt{1+x^2}) + x.$$

由于当产量为零时,总收入为零,即 $R(0) = 0$ 于是总收益函数为

$$R(x) = R(0) + \int_0^x R'(x) dx = 0 + \int_0^x \left(30 - \dfrac{2}{5}x \right) dx$$

$$= \left(30x - \dfrac{1}{5}x^2 \right) \Big|_0^x = 30x - \dfrac{1}{5}x^2.$$

又总利润为总收入与总成本之差,故总利润函数为

$$L(x) = R(x) - C(x) = \left(30x - \dfrac{1}{5}x^2 \right) - \left[10 + 150\ln(x + \sqrt{1+x^2}) + x \right]$$

$$= 29x - \dfrac{1}{5}x^2 - 150\ln(x + \sqrt{1+x^2}) - 10.$$

当产量从 40 台增加到 80 台时,总成本的增量为

$$\int_{40}^{80} C'(x) dx = \int_{40}^{80} \left(\dfrac{150}{\sqrt{1+x^2}} + 1 \right) dx = \left[150\ln(x + \sqrt{1+x^2}) + x \right]_{40}^{80} \approx 143.96(万元).$$

当产量从 40 台增加到 80 台时,总收入的增量为

$$\int_{40}^{80} R'(x) dx = \int_{40}^{80} \left(30 - \dfrac{2}{5}x \right) dx = \left(30x - \dfrac{1}{5}x^2 \right) \Big|_{40}^{80} = 240(万元).$$

2. 消费者剩余问题

需求关系 $Q = f(P)$,供给函数 $Q = g(P)$,通常它们都是价格 P 的单调函数,设反函数为 $P = f^{-1}(Q)$,$P = g^{-1}(Q)$,如图 7.18 所示.

设交点为 (Q^*, P^*) 是针对某种商品而言. 这个交点是顾客愿意买的价格,也是生产者愿意卖的价格. 如果消费者以比他们原来预期低的价格购买某种商品,由此而节省下来的钱称为消费者剩余.

设购买点为 Q^*,则消费者剩余为 $[0, Q^*]$ 上的一个值 v,下面用元素法来计算它. $\forall Q \in [0, Q^*]$,在 $[Q, Q + dQ]$ 上的消费者剩余元素为

$$dv = f^{-1}(Q) dQ - P^* dQ$$

$$= [f^{-1}(Q) - P^*] dQ$$

从而消费者剩余为

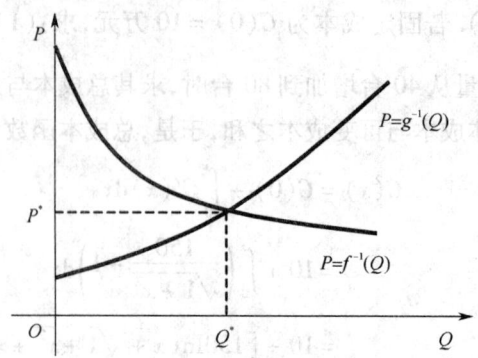

图7.18

$$v = \int_0^{Q^*} [f^{-1}(Q) - P^*] dQ$$
$$= \int_0^{Q^*} f^{-1}(Q) dQ - P^* Q^*.$$

例8 设某产品的需求函数是 $P = 30 - 0.2\sqrt{Q}$,若价格固定在每件 10 元,求消费者剩余.

解 已知需求函数 $P = 30 - 0.2\sqrt{Q}$,首先求出对应于 $P = 10$ 时的 Q 值,令 $30 - 0.2\sqrt{Q} = 10$,得 $Q = 10000$,于是消费者剩余为

$$\int_0^{Q^*} f^{-1}(Q) dQ - P^* Q^* = \int_0^{10000} (30 - 0.2\sqrt{Q}) dQ - 10 \times 10000$$
$$= 66666.67 \text{(元)}.$$

3. 资本贬值与投资

若以年利率作复利计算,一笔 A 元资金从现在起存入银行,则 t 年后的本利之和为 Ae^{rt} 元,那么称 Ae^{rt} 为 A 元资金在 t 年后的将来值.

如果 t 年末希望得到 A 元资金,且按年利率作连续复利计算,那么现在需要投入资金 Ae^{-rt},并称 Ae^{-rt} 为资金 A 的现值.

通常,支付给某人的款项或某人获得的款项是离散的支付或获得的,即在某一特定的时刻支付或获得的.但是对于一个大系统(如公司或企业),其收入与支出是随时流进流出的,这些收入可以表示为连续的收入流或支出流.

设某企业在时间区间 $[0,T]$ 的收入流的变化率为 $f(t)$(元/年或元/月),且年率为 r,将来值与现值是 $[0,T]$ 上的一个值,下面用微元法计算.

$\forall t \in [0, T]$,则在 $[t, t + dt]$ 内资金的将来值的微元为

$$f(t) dt \cdot e^{r(T-t)} = f(t) e^{r(T-t)} dt,$$

从而将来值为

$$\int_0^T f(t) e^{r(T-t)} dt,$$

在 $[t, t+\mathrm{d}t]$ 内资金的现值的微元为

$$f(t)\mathrm{d}t \cdot \mathrm{e}^{-rt} = f(t)\mathrm{e}^{-rt}\mathrm{d}t,$$

从而现值为

$$\int_0^T f(t)\mathrm{e}^{-rt}\mathrm{d}t.$$

例 9 某实验室准备采购一台仪器,其使用寿命为 15 年. 这台机器的现价为 100 万元,如果租用该仪器每月需支付租金 1 万元,资金的年利率为 5%,以连续复利计算. 试判断,是采购仪器合算还是租用仪器合算?

解 将 15 年租金的总值的现值与该仪器的现值进行比较,即可做出决策. 租金流现值的总值为

$$\int_0^{15} 12\mathrm{e}^{-0.05t}\mathrm{d}t = 126.6(元)$$

所以,与该仪器的现值 100 万元相比,还是采购仪器合算.

例 10 一对夫妻准备为孩子存款积攒学费,目前银行的存款年利率为 5%,以连续复利计算,若他们打算 10 年后攒够 5 万元,计算这对夫妻每年应等额地为其孩子存入多少钱?

解 这对夫妻每年因等额地为其孩子存入 A 元,(即存款流为 $f(t) = A$ 元)使得 10 年之后存款总额的将来值达到 5 万元,则

$$\int_0^{10} A\mathrm{e}^{0.02(10-t)}\mathrm{d}t = 50000.$$

即有 $\dfrac{A(\mathrm{e}^{0.2}-1)}{0.02} = 50000$,得到 $A = 4517$,即这对夫妻应每年等额存入 4517 元,10 年后才能为孩子攒够 5 万元的学费.

习题 7-4

1. 工程师对某地区的一个新井开采天然气,根据初步的试验和以往的经验,他们预计天然气开采后的第 t 个月的月产量由下面的函数给出:

$$P(t) = 0.0849t\mathrm{e}^{-0.02t}(百万立方米)$$

试估计前 24 个月的总产量.

2. 研究发现,当你呼吸时,你呼出或吸入的气流的速率 $v(t)$(升/秒)可用一个正弦曲线来描述:

$$v(t) = A\sin\left(\frac{2\pi}{T}t\right)$$

其中时间 t 从某次吸气开始时计算起,A 是最大的气流速率,T 为依次呼吸所需要的时间. 当正弦曲线的函数值为正时,你正在吸气;反之,你正在呼气. 在你吸气的某个时间段 $[t_1, t_2]$ 上,曲线 $y = v(t)$ 与 $t = t_1, t = t_2$ 及 t 轴所围成的面积就是你在这个时间段上吸入空气的总量. 对于呼气也有类似的结论. 试求每次吸气时吸入空气的总量及每小时吸入空气的总量.

3. 由于折旧等因素,某机器转售价格 $R(t)$ 是时间 t(周)的减函数 $R(t) = \dfrac{3A}{4}e^{\frac{t}{96}}$(元),其中 A 是机器的最初价格. 在任何时间 t,机器开动就能产生 $P = \dfrac{A}{4}e^{-\frac{t}{48}}$ 的利润. 问机器使用了多长时间后转售出去能使总利润最大?

4. 某公司一次投资 100 万元建造一条生产流水线,并于一年后建成投产,并取得经济利益. 设流水线的收益是均匀货币流,年流量为 30 万元. 已知银行年利率为 10%, 问多少年后该公司可以收回投资?

5. 某公司投资 2000 万元建成一条生产线。投产后,在时刻 t 的追加成本和追加收益分别是 $G(t) = 5 + 2t^{\frac{2}{3}}$(百万/年), $\Phi(t) = 17 - t^{\frac{2}{3}}$(百万/年). 试确定该生产线在何时停产可获得最大利润?